无人机航拍手册

空中摄影与视频制作完全指南

【英】伊沃·马尔诺（Ivo Marlon）著

徐大军 译／李翔 审校

U0377657

人民邮电出版社

北京

图书在版编目（ＣＩＰ）数据

无人机航拍手册：空中摄影与视频制作完全指南 /
（英）伊沃·马尔诺（Ivo Marlon）著；徐大军译. --
北京：人民邮电出版社，2017.5
ISBN 978-7-115-45036-4

Ⅰ．①无… Ⅱ．①伊… ②徐… Ⅲ．①无人驾驶飞机
－航空摄影－手册 Ⅳ．①TB869-62

中国版本图书馆CIP数据核字(2017)第050066号

版权声明

◆ 著　　　　[英]伊沃·马尔诺（Ivo Marlon）
　　译　　　　徐大军
　　审　　校　李　翔
　　责任编辑　刘　朋
　　责任印制　陈　犇
◆ 人民邮电出版社出版发行　　北京市丰台区成寿寺路 11 号
　　邮编　100164　　电子邮件　315@ptpress.com.cn
　　网址　http://www.ptpress.com.cn
　　廊坊市印艺阁数字科技有限公司印刷
◆ 开本：690×970　1/16
　　印张：10　　　　　　　　　2017 年 5 月第 1 版
　　字数：226 千字　　　　　　2024 年 8 月河北第 27 次印刷
　　著作权合同登记号　图字：01-2016-6527 号
　　　　　　　　　　定价：49.00 元
读者服务热线：(010)81055410　印装质量热线：(010)81055316
　　　　　　反盗版热线：(010)81055315
　　广告经营许可证：京东市监广登字20170147号

内 容 提 要

  航拍无人机已经彻底改变了电影摄影与制作的方式。本书以大疆无人机为主要机型，系统地介绍了无人机航拍的相关方法和技巧，主要内容包括无人机的组成与工作原理、起飞前的准备、飞行技术、拍摄准备、空中摄影、飞行环境以及视频剪辑等。

  本书适合无人机爱好者、摄影师以及电影制作者阅读，对于极限运动爱好者拍摄其冒险运动过程来说也是一本不可或缺的参考手册。

目录

前言

基思·帕特里奇

高度，4400米！我们冒着极大的危险站在一块摇摇欲坠的花岗岩上，唯一的落脚点仅仅是一块稍微平坦的地方。风在我们周围呼啸着，时不时卷夹着冰块拍打着我们。上面正对着的是一块犹如狮身人面像的巨石，重量足足有埃菲尔铁塔的3倍。而下面突出的岩石上悬挂着一顶小小的黄色帐篷。在寒冷环境下，稀薄的空气无法让无人机的旋翼产生足够的升力，再加上电池电量的急剧损耗，95%……85%……65%……飞行时间显得如此关键。就在这一时刻，帐篷的门打开了，一架无人机从两位攀岩者那里起飞，它将带我们从另一个视角审视这个垂直的世界，并期待着获得惊人的发现。

近年来随着无人机的兴起，这样的视角在电影拍摄中越来越普遍。但这不意味着用直升机安装上复杂的相机稳定装置进行航拍不再有意义。我曾经搭乘HS748"石蜡鹦鹉"飞机在8200米的高度，用Cineflex系统进行拍摄。这样的高度，我估计超出了现在无人机的使用范围了吧。但不可否认，用无人机进行拍摄越来越令人兴奋，而且成本相对来说则是非常低的。

现在，只要有一位拥有商业飞行驾照的无人机操作手与一架维护良好的无人机，并按照安全飞行条例进行操作，那么这种小型飞行器就会在现代电影拍摄中发挥越来越重要的作用。

但这里也存在一些艰难险阻。随着那些令人激动并能够改变游戏规则的发明创造的出现，人们开始认为无人机是能够解决所有常规电影拍摄问题的灵丹妙药。这很容易让我们过度地使用这种工具，特别是当今后几年无人机逐渐进入主流和大众市场的时候。不可避免的情况是，在影片中过度使用无人机航拍镜头将会适得其反。

对于一部成功的电影来说，它必须能够影响观众，打动观众，并让观众产生共鸣。但这决不能只依靠非凡的视觉效果，故事情节仍然是最重要的，要能够在情感上吸引观众。在电影拍摄制作领域，无人机以其独特的能力为我们提供了观察这个世界的新视野。你要清楚你的航拍镜头在整个故事中的位置，学会安全精准地进行飞行操作，并了解无人机这一强大工具的功能，在影片中添加一些动态的运动画面，揭示每一个镜头的真正价值，带领观众飞往我们从未见过的地方。但所有的这些拍摄都要在电池电量耗尽之前完成……

基思·帕特里奇
艾美奖和英国电影与电视艺术学院奖获得者
冒险电影摄影师（代表作有《终极探险》《荒野攀登》《人类星球》）

概述

随着消费级无人机越来越便宜，你可能会想在圣诞节给自己10岁的孩子买一架四轴飞行器作为礼物。但我们都知道，只有他们这代人才可以将无人机称作礼物，而不是在你10岁的时候。

无人机已经形成了一个巨大的市场。更令人兴奋的是，无人机的部件（包括硬件和软件）越来越容易获得，如果你有无线电遥控航模的基础，再加上一点儿空闲的时间，你就可以自己动手制作一架可搭载4K相机和稳定云台的无人机。天空对你来说不再有什么限制。

如果你了解无人机，那么你一定听说过大疆Phantom"精灵"无人机或者法国Parrot公司的无人机，它们对玩具级无人机市场带来了革命性的变化。即使是在去年也不会想到今天的技术发展会如此之快，能够拍摄出极限滑雪时的刺激画面也仅仅是刚刚开始。

属于无人机的"广袤西部"

大疆公司已经发布了Phantom"精灵"4无人机，该机型具有"兴趣点"功能，配备4K高清相机，可实现"跟踪飞行模式"。这些都是标准配置，另外还具有"感知避让"功能，可避免无人机在飞行中与障碍物发生碰撞。Autel Robotics公司发布了Kestrel固定翼无人机，中国制造商亿航公司在其推特上也发布了一款无人机。

虽然与本书的主题有些无关，但还是要提到的是，亿航公司发布的是一款可以搭乘一名乘客的的无人机原型。这就好似你拥有一架可以飞行的空中摩托车。

无人机市场是计算机电子类产品新的"广袤西部"。微单相机越来越紧凑，其功能越来越强大，起稳定作用的软件和硬件也越来越成熟，无人机拍摄的视频和照片质量也一年比一年好，而消费级无人机市场还处于幼年阶段。

本书讲些什么

在本书的前半部分，我们主要介绍如何选择合适的无人机，特别是针对无人机航拍的需要，还包括自己制作拍摄用无人机可能需要的主要部件。

在本书的后半部分，我们会介绍航拍技术和剪辑技术，包括如何录制并在视频中添加有意思的声音，而不是仅仅制作航拍画面加音乐的简单视频。一些基本原则的应用与你的无人机的好坏以及高级程度无关，所以即使无人机技术在不断发展，即使你的无人机并没有在本书中提及，本书对你也会有所帮助。

现在你可以在Parrot、大疆、Fleye、亿航、昊翔以及众多其他品牌的产品中选购"到手飞"型无人机。现在就接触拍摄用无人机，在不久的将来你就会站在无人机航拍领域的前列。不要等无人机产业发展成熟了才介入其中。

第1章 无人机基础

无人机正在"接管"这个世界。虽然不必为此而惊慌，但这一新的趋势可能就要改变你的生活。这一领域的工作机会正在迅速增长，所以本章介绍一些关于无人机的基础知识，以便大家能够快速地进入这一领域。

本章我们将讨论以下几个方面。

- 什么是无人机？
- 无人机的市场。
- 无人机的工作原理。
- 无人机有哪些种类？
- 哪种无人机最适合你？

什么是无人机？

大多数人都会将"无人机"一词和军事侦察和反恐战争联系在一起，脑海里浮现的画面是尖端的无人机在高空神出鬼没地一连跟踪目标几个小时。这一有点儿用词不当的误称已经成了所有遥控飞行器的统称。

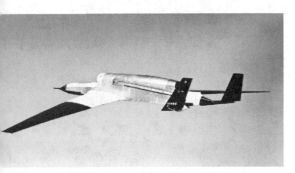

上图： 美国瑞安公司的瑞安147型无人机，由早期的"火蜂"靶标飞行器发展而来。

人类研制无人飞行器的历史已经超过了160年。1849年，奥地利人将这一想法付诸实施，用气球携带炸药飞到威尼斯上空，用以打破威尼斯人试图挣脱奥地利帝国束缚的僵局。虽然这种炸弹气球所起到的破坏作用并不大，但遭受围城之苦且饱受饥饿的威尼斯人不得不在两年后宣布投降。

第一代无人机

60年后，在第一次世界大战期间，协约国尝试采用无线电遥控的飞机来攻击德国的"齐柏林"飞艇，从而形成了第一代自动驾驶的飞机，称之为"飞行炸弹"，这成为了今天巡航导弹的前身。那时候的工程师采用早期的陀螺仪控制飞机。陀螺仪现在仍是被应用于现代无人机的技术。

在第二次世界大战期间，美国和德国都意识到了无线电遥控飞机的重要性。

无人机技术在第二次世界大战后期和冷战期间得到了越来越快速的发展和进步。美国军方研制了无人侦察机，以免有人驾驶的飞机在对苏联进行侦察时被击落。这种无人侦察机也用于20世纪六七十年代对越南、中国和朝鲜的空中侦察。第一款无人侦察机是美国瑞安公司的147B型无人机，在越南战争期间曾进行例行侦察飞行，并通过降落伞进行回收。

战场上的无人机

早期无人机的可靠性是比较低的，但自从1982年以色列空军成功地使用无人机打击了叙利亚空军以来，情形发生了很大的改变。在这场战争中，以色列使用无人机作为电子诱饵，进行电子干扰和实时的视频侦察，以极小的伤亡摧毁了叙利亚大量的作战飞机。

上图： 美国军用喷气推进式无人侦察机（2005年）（应该是涵道风扇动力型的，而不是喷气式的。——译注）。

上图：亚瑟·M.扬在操控他于1941年研制的第一个直升机模型。

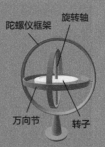
自20世纪90年代在巴尔干战争中使用军用无人机以后，随着2001年阿富汗战争爆发，美国军方大力发展其无人机计划。

现今的无人机具有高空、长航时飞行特性，并可与位于地面、海洋、空中和太空的控制站建立通信连接，无人机已被广泛投入了军事应用。

民用无人机

自从被证明可以实现无人驾驶飞行的无人机出现后，遥控驾驶的飞行器（remotely piloted vehicles，RPV）在20世纪40年后期就出现了一些非军事方面的用途，一些航空爱好者开始制作他们自己的完全非军事用途的无线电遥控飞行器。

早在1941年，美国工程师亚瑟·M.扬研制了第一架遥控直升机。历经12年的持续研究后，他带着他的基于旋翼的直升机设计方案去了位于美国纽约州布法罗市的贝尔飞机公司，并得到了该公司的支持，建造了一架全尺寸的直升机。

1941年就在美国即将参加第二次世界大战的前夕，扬和他的团队正在秘密研制第一架直升机，并于1943年完成了30型直升机原型的制造。1946年，贝尔飞机公司推出了世界上第一款商用直升机——贝尔47型。这是一款非常成功的机型，一直生产到1974年。这款机型形成了后续几代直升机设计的基础。由扬的旋翼稳定杆专利发展而来的直升机稳定杆技术一直沿用到现在。

世界各地的航空发烧友很早就热衷于制作遥控飞行器。扬的设计预示着直升机技术的进步并影响了几十年，甚至今天的高科技Wi-Fi无人机也要归功于他。

下图：电动E-flite Blade 400 3D型直升机（2007年）。

无人机的兴起

近年来，各种类型的无人机已经在高科技玩家市场上掀起了一场风暴，而且对消费级航拍摄影产生了革命性的影响。

消费级无人机产业正在蓬勃发展，据估计每年大概增长13%~18%。在多数国家，特别是诸如美国和欧洲这样较大的消费市场，航空主管部门仍没有完全赶上这一发展趋势，这就意味着仍没有任何的法律界定消费级无人机能做什么和不能做什么。

一马当先的大疆无人机

自从新型无人机和运动相机技术结合起来之后，消费级无人机形成了爆炸性的发展趋势，无人机航拍及摄影领域也开启了无限的可能性。最值得一提的是，大疆Phantom "精灵" 3无人机是一款可携带GoPro 4K相机的紧凑型四轴飞行器，以较低的成本集合了多项最新的技术。这样的成功模式使得大疆成为了消费级无人机市场的领头羊。

上图：大疆Phantom "精灵" 3无人机。

全新的鸟瞰视角

无人机在航空摄影方面已经应用了相当

长的时间，但早期装备有摄像机的无人机通常来自专业的无人机制造公司，并由专业的摄影师使用。真正的消费级无人机革命是伴随着相机技术的发展而发生的，特别是近10年来相机变得越来越小巧。突然间整个世界属于你了，你可以从120米的高空俯瞰这个世界。

上图：装备有可用于航拍及监控的相机的德国警用无人机（2012年）。

计算机数字化飞行

无人机航拍的发展趋势是一个新的突破，二者得益于近年来出现的基于数字化的飞行控制技术和多旋翼系统，而且如果没有前者，光有多旋翼系统也是无法实现这一突破的。

所有传统的遥控飞机在安装相机之前都需要很高的技巧才能飞得好，飞得安全。携带相机进行飞行，这样的遥控飞机势必要做得相当大，相应的成本也会非常高。

航路点与飞行模式

与飞机和滑翔机不同，多旋翼飞行器没有方向舵和副翼，只是靠多个独立运行的螺旋桨以不同的速度调节来实现对飞行方向的控制并产生相应的推力。这就需要用计算机进行飞行控制与调节。

安装GPS、光流和其他导航系统后，无人机有可能实现完全自动飞行，甚至让装有相机的无人机在你沿滑雪道下滑的时候以预定的高度和距离进行跟随拍摄，从而将你的自拍视频提高到一个新的水平。

下图： 显示了环绕湖泊预设的航路点，你可以针对每个航路点设置速度、高度和拍摄角度。

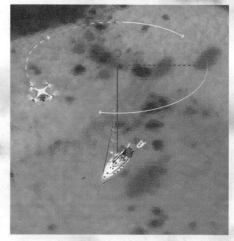

上图： 大疆 Phantom "精灵" 4无人机的"兴趣点"功能，你只需要在控制器屏幕上轻触一个点，就能让无人机绕着这个点进行环绕飞行。

航路点3

航路点4

航路点1

航路点5

航路点2

无人机的工作原理

大多数的消费级无人机都有相似的关键部件,因此这些无人机有着共同的飞行特性,下面我们就一探究竟。不同的价位则体现了它们有着不同的品质和能力。

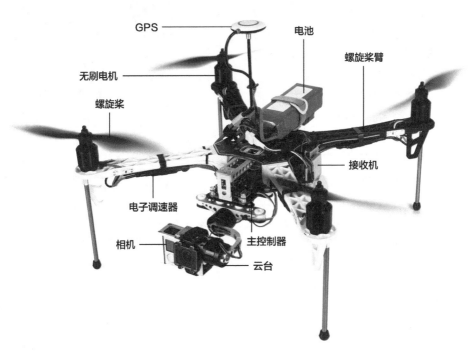

GPS
电池
螺旋桨臂
无刷电机
螺旋桨
接收机
电子调速器
相机
主控制器
云台

主控制器(MC)

在无人机的中间位置都有一个嵌入式Linux计算机,运行着专门定制的软件,用它来控制无人机。有些无人机的控制软件可通过软件开发包(SDK)进行重新编程开发。一些高档的模块化无人机有时候会将主控制器作为一个独立的部件。对于非消费级无人机来说,其所有的部件都是单独购买的。集成度更高的模块通常在一个电路板上包含有主控制器、传感器、陀螺仪和所有其他飞行相关的元器件。所有的模块设计通过端口可以相互连接并可分别进行更新升级。下图中的CAN总线是无人机组件中共用的连接端口。

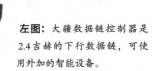

大疆 CAN总线

左图: 大疆数据链控制器是2.4吉赫的下行数据链,可使用外加的智能设备。

陀螺仪和传感器

主控制器使用传感器感知无人机的飞行状态,这些传感器包括加速度计以及采用一组三合一的陀螺仪测量线性和旋转运动的惯性测量元器件(IMU)。这似乎很复杂,但现在对于多数消费级无人机来说是完全集成化的。这些传感器告诉主控制器无人机的方向、高度、垂直和水平运动的状态及加速度。非常相似的技术也用于稳定"斯坦尼康"摄像机支架。

电子调速器(ESC)

电子调速器调节电流的输入以及电动机的输出。一些更高级的ESC还能够监控电动机的性能,包括传递给接收器系统的错误信息。这有可能导致旋翼失效,但有了这种监控措施,你就能够将无人机安全地着陆。

接收机

接收机接收所有来自发射机的信息,同时也是操作手或无人机驾驶员手持的一种遥控设备。接收机通常有至少4个通道用于所有的操控输入,其他通道用于改变飞行模式或者控制附加的模块,如对起落架、云台以及相机进行控制。

上图: Traxxas公司设计的全防水电子调速器XL-5,这是一款高性能的电子调速器,具有非常好的性能,通常用于昂贵的高端无人机上。

下图: 传感器读取无人机相对于云台3个轴的朝向,并与飞行控制器进行通信以抵消相互运动的干扰。

四旋翼＋形布局

四旋翼Ｘ形布局

六旋翼Ｉ形布局

六旋翼Ｖ形布局

六旋翼Ｙ形布局　　六旋翼ＩＹ形布局　　八旋翼Ｘ形布局

八旋翼Ｉ形布局

八旋翼Ｖ形布局

螺旋桨

多数消费级无人机采用塑料质地的螺旋桨。这种螺旋桨重量轻，柔韧性好，即使断了也易于更换。如果你要去进行一些冒险的飞行，一定要多带几副备用的螺旋桨。较大的专业级无人机通常采用碳纤维材质的螺旋桨，由于这种螺旋桨较为坚硬，如果出现什么状况会更加危险。在消费级和专业级无人机市场，除非你是非常有经验的无人机操作手，并且对无人机有极

其特殊的性能要求，否则的话不要采用碳纤维螺旋桨。

飞行控制器

飞行控制器是无人机的大脑。它接收无人机上各个传感器源源不断地传出的数据并加以处理，再以每秒发送数百条指令的频率对无人机进行微调，以保证飞行稳定。它可

上图： 多旋翼无人机螺旋桨／电动机的布局形式。注意每两个电机分别按顺时针和逆时针旋转。

以控制无人机自动地按照跟随模式进行飞行，同时也能够自动地实现起飞和降落。

电动机

无人机采用结构简单的无刷电动机，一旦失效就可以很方便地进行更换。根据无人机尺寸的不同，可能是1个、2个、3个、4个、6个或8个电动机，很少有5个的情况。这些电动机通常是两两配对的，一个顺时针旋转，另一个则逆时针旋转。如果要更换电动机，一定要注意正确的旋转方向。

左图： 无刷电机成对使用，一个顺时针旋转，另一个逆时针旋转。

上图： 高级的 AutoQuad 6 飞行控制器。

GPS

越来越多的消费级和专业级无人机将GPS作为标准配置。无人机与GPS的联姻造就了大量可进行跟随飞行的无人机，也就是说无人机可以跟随操作手在预先设定的高度和角度对目标进行跟随拍摄。这会让你的滑雪照片和视频与众不同。无人机还具有更多内置GPS定位的功能，包括定点悬停、自动返航、围绕操作手的安全区域设置、超出发射机一定范围后的悬停以及方向控制等。GPS通常与电子罗盘一起使用，类似于现在智能手机上的指南针，在无人机每次飞行前都需要进行校准。

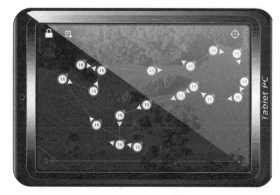

上图： 通过多个GPS航路点设置一条复杂的飞行路径，这只是在多旋翼无人机中使用GPS技术的诸多优点之一。

发射机

发射机也称为无线电控制器或者遥控器，操作手通过它可进行全部的操作。多数的无人机采用专用遥控器，但面向日益增长的消费级市场的入门级无人机可使用移动设备上的APP，通过Wi-Fi连接，将平板电脑或者智能手机作为发射机使用。

对于基于模块化的无人机，也就是说你自己动手组装的无人机，你需要确定使用相同波段的接收机和发射机，否则你将可能会遇到信号传输方面的问题。随着消费级无人机市场的增长，即使是一些比较专业的无人机也采用全部部件完全集成的形式，这就是所谓的"到手飞"（Ready-to-Fly，RTF）型无人机。

发射机有多种形式，既有非常简单的塑料盒式的游戏手柄，也有内置屏幕的遥控设备，后者可供操作手以"第一人称视角"观

3D Robotics公司出品的发射机

看飞行画面和遥测数据，以及进行声音回传等。有的高端遥控设备甚至比无人机本身还要复杂，因为所有在末端具有的神奇功能都在这个设备单元里。

地面站

就最简单的形式而言,地面站就是可运行软件并以一个特定的频率与无人机进行通信的设备。从这一点来说,地面站与发射机以及通过蓝牙或Wi-Fi连接的智能手机和平板电脑是相同的。软件也可以运行于一台放在地面上的计算机上,并以此作为地面站,与发射机通过蓝牙或Wi-Fi进行连接。

上图: 一般常见的地面站配置,可连接多种显示设备、发射机与无人机。

它可以实时显示无人机的性能、位置以及通过"第一人称视角"回传的视频。

现今,功能更加强大的发射机和接收机意味着当无人机超出视距时,地面站就更能显示出其特有的作用了。这里也有一些规则、规范以及法律需要去遵守。多数管理机构,如美国联邦航空管理局(FAA)和英国民用航空管理局(CAA)是禁止超出视距进行飞行的。如果你想做这方面的尝试,一定要咨询当地的管理机构。但即使无人机在视线内飞行,通过预设航路点进行航拍也是非常有用的,例如当你需要对一个场景进行反复拍摄时。

下图: 针对GoPro Hero3和Hero4运动相机而设计的Yuneec MK85数字视频回传系统,可将实时影像传送回来并在地面站设备上显示。

光流

光流功能的设计使得无人机能够在室内飞行，或者在任何不能以直线方式接收到GPS卫星信号的地方飞行。光流以极高的速度成像，从而推算出无人机的相对位置，即采用所谓的运动估计法。这类似于我们在空间中移动的体验，相对于周围的任何事物和任何人都通过眼睛进行了"注册"。光流无法在完全黑暗的环境中工作，但在弱光环境下现在还是有很好的效果。一些无人机（如大疆Phantom"精灵"无人机）也采用超声波发射器和麦克风在完全黑暗的环境下"摸索"着进行移动。

遥测/OSD

飞行过程中产生的数据包括飞行高度、飞行速度、电池寿命以及3D空间的运动状态和距离。这些数据展示了飞行的方方面面，统称为遥测数据。如果在你的发射机上有一块"第一人称视角"显示屏，数据就可以叠加在回传来的视频画面上。遥测也需要一个专门的部件以及专门的接收机和特定的频率。

云台

云台是一种非常神奇的设备，它可以消除由螺旋桨和电动机产生的相当大的震动。具有云台稳定功能的相机可以过滤掉很大一部分扰动，帮助你拍摄非常平稳、完美的画面。

无刷电机型云台能够对相机起到稳定作用，同时还可以控制相机的俯仰和倾斜角度。

无刷电机云台系统具有两轴和三轴形式，现在三轴云台更普遍一些，因为它能够在滚转、倾斜及俯仰3个方向上起到稳定作用，

从而可以拍出画面最平稳的视频。

更加专业的航拍无人机系统可能会有两个操作手，其中一个通过无刷电机云台控制相机，另一个操作手在其指导下操控无人机。

上图： 大疆无人机的视觉定位系统是一种稍微高级一些的光流系统，也采用超声波传感器以获得更加详细的地面信息。

上图： 遥测数据叠加在"第一人称视角"显示屏上。

上图： Feiyuntech公司的FY-WG3云台可为GoPro运动相机提供优异的稳定性。

无人机的种类

我们可以根据无人机的价格区间及性能进行分类，这对于你做购置预算以及自己动手制作无人机是非常有用的。

上图： *Hubsan X4微型遥控四轴飞行器，带有摄像头，是一款价廉又实用的无人机。*

质量、价格和性能是永远也讨论不完的话题，可能多少会有个别的例外，但大体上我们可将无人机分为三大类。

消费级无人机

由于本书着重讨论的是航拍无人机，因此我们将不考虑那些没有安装某种高清拍摄设备的无人机。消费级无人机也称为入门级无人机，仍处于高科技玩具的范畴，但附加有摄像头。

大多数入门级无人机上的摄像头主要用于"第一人称视角"的飞行娱乐，并可拍摄视频展示给你的朋友们看。这种无人机通常采用内置的高清摄像头，摄像头安装在四轴飞行器的头部或下方。可自己设定的拍摄参数是有限的，它比较好玩的方面就是记录飞行过程，并从一个新的视角观察下方区域。

虽然这些入门级无人机都有摄像头，但没有相机云台就很难拍摄到稳定的画面。因此，如果你的主要目的是进行航拍，那么它是不怎么理想的。最糟糕的莫过于你不得不重新进行拍摄，如果主题是稀有动物或者朋友冲浪时的一个优美动作，而后期发现由于无人机抖动得厉害，拍摄的素材将完全不能用。

入门级无人机绝大多数没有GPS或者更高级的飞控系统进行自动飞行和跟随模式飞行，这种无人机主要供新手体验"飞行"的快感，而不是针对那些专业的航拍无人机操控手，他们要求无人机具有自动驾驶功能，以便能够将注意力集中在拍摄上。这种四轴飞行器通常具有一些独特的卖点，比如一键空翻和其他的特技动作，从字面上说也的确是针对入门级新手的无人机。通过它，你可以学习如何去操控一架四轴飞行器，并熟练地进行基本的相机操作，这样就可以避免第一次出去飞行就摔掉一架高级、昂贵的飞行器的风险。

这些入门级无人机相当便宜，但有些也价格不菲，所以你要好好掂量一下自己的钱袋子。此类无人机的缺点是拍摄画面的质量不高，但对于新手来说可以体验飞行的乐趣，即使没飞几次就从屋顶上跌落下来也不必过于担心。

上图： 配备有摄像头的UDI U818A玩具级四轴飞行器，可用于在升级到更加专业的无人机前进行操作练习。

上图： Parrot Bebop 2相机无人机，可以进行非常灵活的飞行，具有自动的GPS飞行能力以及较长的电池续航能力，并且可以回传视频。

专业消费级无人机

专业消费级无人机的范畴既包括那些遥控飞机爱好者进行航拍尝试的无人机，也包括更加专业的视频拍摄者所使用的无人机。他们希望在工作中有一些航拍画面，而不是用更加昂贵的大型无人机携带较重的摄像设备进行拍摄。

现在专业消费级无人机主要是四轴飞行器，也有一些人采用六旋翼无人机进行视频拍摄。随着极轻的运动相机GoPro的广泛使用，多数此类无人机的构型通常是一台GoPro相机与一个三轴稳定云台相结合。例如，大疆Phantom"精灵"4s无人机将一体化的4K相机和三轴云台作为标准配置。

专业消费级无人机由于其有限的载荷能力，不能满足电视及电影拍摄的高标准要求；也不能携带全尺寸相机，其画面稳定技术性能也有限，但它仍然是将航拍影像融入到工作中的一个很好的途径。

右图： 大疆Phantom"精灵"4是中国大疆公司出品的智能飞行相机无人机，可通过iPhone或iPad捕捉相当不错的航拍图片。

左图： 中性滤光片和偏振光滤光片是获得好的拍摄画面必需的配件。

下图： 位于"精灵"4无人机下方的超声波传感器，可获得地面的信息，作为GPS的备份控制方式。

上图： Matrice 600是大疆公司为专业航拍及工业领域应用而设计的最新也是目前最大的无人机平台。它易于安装设置，可在几分钟内做好起飞准备。最大载重能力可达6千克，可搭载从微单相机到小型高清摄影设备在内的多种拍摄设备。

专业级无人机

更加先进的专业无人机包括六旋翼和八旋翼构型。这种无人机可根据用户的需要进行多种形式的定制，携带较大的载荷，如单反相机以及专业摄影设备。

这些无人机平台仍可通过特定的零售商（如B&H、Amazon等）购买，但需要具备较多的相关技术知识，因为你需要自己进行维护保养。

得益于更加先进的高速摄影技术以及相机的小型化，现在即使最小的专业无人机也能够达到专业级相机的画面质量。

上图： 大疆Inspire"悟"1专业无人机是目前市场上最高端的"到手飞"型无人机，可配备4K微单相机，拍摄符合影视行业专业标准要求的高质量画面。

选择合适的无人机

当你着手去买第一架无人机时，要根据自己的用途做出选择。作为本书的读者，你极有可能是一位胸怀远大理想的航拍摄影师。因此，你可以将购买无人机作为你未来职业生涯的一项投资，也可以将其作为一个完全纯粹和简单的工具。

航拍无人机除了无人机自身之外，还包括相机以及最重要的部件——云台（见本书第50页）。你的选择决定于你希望获得的拍摄画面的质量，以及选择什么样的云台系统能够挂载你所需要的相机。

上图： 手掌大小的 Revell X-Spy 是一款尺寸最小、价格最低的四轴飞行器，可进行"第一人称视角"飞行，具有较好的视频画面，无需任何组装。

GPS无人机

基于GPS的飞行控制系统大多支持自动返航功能，这是非常有用的，但这对于GPS来说，这不是唯一的用途。例如，如果你想用无人机跟随一个移动物体进行拍摄，你就需要无人机能够锁定移动物体上的GPS设备，例如智能手机或智能手表。你可能还需要按照预先设定的路径进行飞行。因此，你就需要无人机也能够支持更加复杂的GPS航路点飞行功能。

用于训练的无人机

如果你对无人机航拍完全是新手，但希望能够将此作为职业发展的一块垫脚石，那么可以考虑先买一架便宜的消费级无人机，通过它进行一定的练习。各种无人机的飞行原理都是一样的，只是在功能的多少方面有些差别，所以从一个便宜的无人机开始，即使摔坏了也不至于损失很大。另外，这种无人机通常比专业消费级无人机要轻，无人机失控发生意外时对周围旁观者造成伤害的风险也要低得多。

下图： Parrot Bebop 2无人机是一款气动性能优异、外形时尚、可靠性高的轻质紧凑型无人机。它可以拍摄高清视频和1400万像素的照片。

下图： Erle-Copter是一款针对开发者的DIY型无人机套件，它采用Erle-Brain 2硬件，基于Linux飞行操作系统，可称之为飞行机器人，最长可飞行20分钟。

选购"到手飞"还是自己制作无人机？

这取决于你的技术水平。如果你曾经自己制作过遥控模型，你可能会更倾向于购买一些现成的部件和GoPro相机，自己制作一架无人机。但如果你对此完全一无所知，那就在众多的"到手飞"型无人机中进行挑选吧，特别是消费级和专业消费级无人机。

电池的种类

现在多数无人机采用锂离子电池，这种电池能量密度高，可让无人机有足够长的飞行时间。多数消费级无人机使用普通的锂离子电池，但更大一点儿的无人机（如八旋翼无人机）则使用锂聚合物（LiPo）电池。这种电池采用扁平式封装，需要危险物许可证才能进行邮寄，因此这种电池在替换和运输方面的成本要高得多。

如果你倾向于使用专业消费级质量的设备，则可以考虑入手一架专业消费级无人机作为专用工具，单反相机平台是必备设备，也可偶尔去雇一个拥有单反相机的操作手，这样可避免更大的开销。

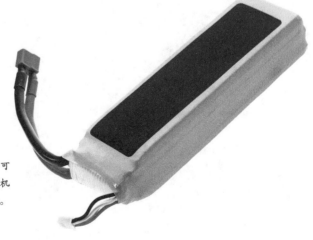

右图： 高容量、高性能的锂离子电池，可提供约12分钟的飞行时间。根据无人机重量的不同，飞行时间存在一定的差异。

第2章 无人机的组成及工作原理

你可能会选择"到手飞"型无人机，这样你能够以最快的速度开展航拍摄影工作，而且没有过多的操心事。但你首先应当了解一下为你工作的这架四轴飞行器的主要部件。

本章我们将讨论以下几个部分。

- 无人机所需的器件。
- 相机云台。
- 电动机、螺旋桨和电池。
- 预防恶劣天气。
- 如何自制一架无人机。

第一人称视角（FPV）

也许你对飞行梦寐已久，现在全新的和更加廉价的技术让我们能够从高处鸟瞰周围的世界，并且完全在我们的控制之下。这可能是一种非常不可思议的体验，特别是当从另一个全新的视角审视我们最熟悉的地方时。

在过去的10年中，第一人称视角（FPV）技术一直在持续稳定地发展着，但直到最近两年它才真正在飞行中得以应用，现在你可以实时地看到无人机所"看到"的一切。这相对于以前的遥控飞行体验来说是一次飞跃，那时候的航模只能在操作手的视线内进行飞行。现在有了先进的FPV技术和远距离数据发射机，无人机操作手可以通过机上的相机来体验飞行，甚至超出视线范围时也能操作飞行。

FPV、拍摄还是一体化FPV拍摄？

这一领域的发展是非常迅速的，但直到写作本书的时候有两个系统仍在使用，特别是在自制无人机领域，许多教程仍要求有两个相机，其中一个是用于FPV的低分辨率相机，另一个是用于录制存入SD卡的视频的高清相机。

这是因为FPV需要一个发射机和接收机将实时画面传送到你的屏幕或视频眼镜上。只有很少的系统集成了这两种视频的数据流，大疆Phantom"精灵"3无人机就是这方面出色的领跑者。更加专业的无人机基本上都要由双人来操作，一位操作手负责飞行操作，另一个操作手负责相机拍摄。

然而正如前面所说，越来越多的专业消

上图： Parrot Bebop 遥控器可以在显示屏上查看所有的遥测数据，如果无人机飞到了视线外，还可以通过FPV对它进行控制。

费级无人机都具有一体化的FPV和存储系统，可通过FPV进行飞行操作，同时将影像记录到SD卡中，还可以用一个控制屏同时显示FPV画面和相机记录的画面。在今后若干年里，这将成为新的标准配置。

下图： 低分辨率FPV相机以及用于航拍的高清相机组合方案。

下图： 一套完整的FPV竞速无人机配置，包括三脚架上安装的FPV监视器以及两架自制的竞速无人机。

上图： 在户外阳光下飞行时，刺眼的阳光会超出你的想象，因此，如果你要进行FPV飞行，这样的遮光罩对监视器来说是必不可少的。

视线内飞行（LOS）

　　在你打算采用FPV视频眼镜进行飞行时，首先要学会如何在视线范围内进行飞行操作。在你进行远距离视线外飞行前，这是一项需要掌握的关键技能。如果你手上有远距离发射机，但还不知道自动驾驶仪失效时该怎么做，那你要想飞得更远、飞得更高，就有些为时过早了。一旦你真正掌握了在视线内操作无人机的技巧，切换到FPV功能将为你打开一个全新的激动人心的世界。这个世界是只进行视线内飞行所达不到的。

是用普通显示器还是视频眼镜？

　　FPV视频眼镜将给你一种好似坐在飞机驾驶舱内完全沉浸于其中的感觉。有的视频眼镜还带有头部跟踪功能，当你移动自己的头部时，无人机上的相机也会随之转动。这种体验有点儿类似于虚拟现实，但看到的却是完全真实的场景。

下图： "胖鲨姿势" V3 FPV视频眼镜，可接收无人机发射机下传回来的"第一人称视角"视频。

下图： 手动操控飞行并在视线内飞行是新手起步阶段必须进行的训练科目。

上图：FPV 视频眼镜的确很有意思，但如果你想从专业角度进行航空视频拍摄，使用监视器是多数专业无人机操作手应优先考虑的方法。

如果你主要的目的是航空摄影，那么视频眼镜就有一定的局限性，因为没有任何其他人能够看到你所看到的。

如果你主要打算进行航空摄影，采用监视器则是一个比较好的办法。你可以与副操作手分担任务，你们两人既可以抬头看着无人机，也可以看着监视器屏幕上显示的无人机上相机所拍摄到的画面，同时讨论应当如何操作无人机达到期望的拍摄角度和运动方式。

智能眼镜

如果你既想有沉浸式的飞行体验，同时还能够在视线内看到自己的无人机，FPV 智能眼镜是一个很好的选择。在 FPV 领域一个新的趋势是采用智能眼镜，如目前在市场上处于领先地位的爱普生 Moverio BT-300 型智能眼镜可以将数字化信息无缝地融入到你的视野中，并可以在视线内始终看到自己的无人机。

这些眼镜具有 360 度的头部运动跟踪传感器，以及可实现增强现实功能的前向摄像头，并可在双目中显示 3D 内容。最后两项特征现在你还不需要考虑，但随着无人机技术的快速发展，一体化的 3D 相机也不是遥不可及的。

上图/下图：爱普生 Moverio FPV 智能眼镜具有多项先进的技术，包括内置摄像头、陀螺仪、GPS 以及其他传感器。

监视器

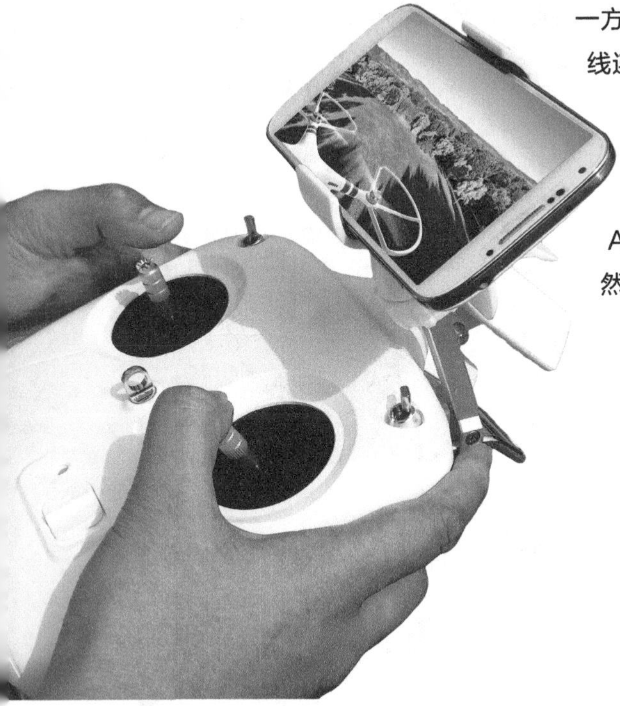

一方面遥控器和FPV监视器之间可通过数据线连接，另一方面智能手机或平板电脑则将二者的功能融为一体。现今几乎所有的无人机都既有可以在遥控器上运行的程序，也有可以在智能手机上运行的APP，但多数情况下专业的遥控监视器仍然有其优点。

上图：现今许多无人机都有可在智能设备上运行的飞行控制应用程序（APP）。

现在部分“到手飞”型无人机的遥控发射机上都有监视器。如果你的无人机也有监视器，你可能会发现这个监视器的画面质量要比智能手机或平板电脑上的好，这是因为其尺寸更大，同时LCD屏幕会随着阳光的强度进行调节，从而始终具有较好的观看效果。

如果你的无人机只有智能手机上的APP而没有监视器，如果你发现自己的设备反光太强烈，以至于无法看到FPV或实时的画面，则可以考虑单独买一个监视器。没有什么比看不清楚自己拍摄的东西更糟糕的了，如果无人机飞出了视线而又不知道它飞到哪里去了，这也很麻烦。如果不得已要用智能手机，另一个好的搭档就是单独买一个遮光罩挡住周围的光线。

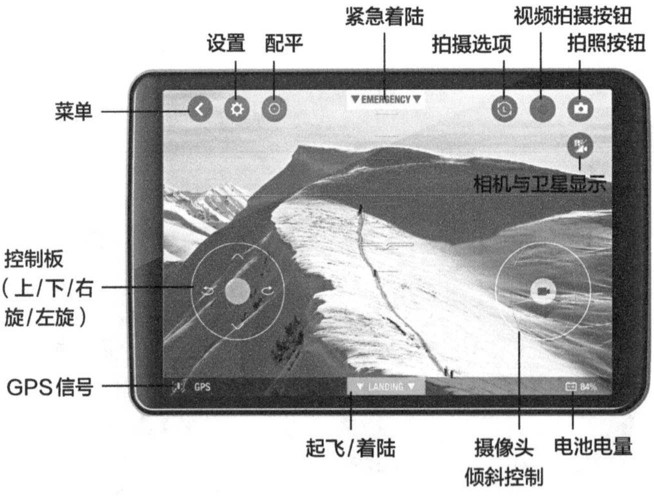
紧急着陆
视频拍摄按钮
设置
配平
拍摄选项
拍照按钮
菜单
EMERGENCY
相机与卫星显示
控制板
（上/下/右旋/左旋）
GPS信号
GPS
LANDING
84%
起飞/着陆
摄像头
倾斜控制
电池电量

左图：有着较大尺寸的平板电脑可以让你看到比小尺寸的智能手机更多的内容。

FPV视频眼镜

虽然FPV视频眼镜已经出现了相当长一段时间，但真正发挥作用是随着过去4年里多旋翼飞行器的快速发展而爆发出来的。这种眼镜有两个小型显示器，分别对应我们的两只眼睛，它可以给你完全沉浸式的飞行体验。有的人会觉得很兴奋，也有的人会觉得那是一种巨大的快乐。

眼镜显示器的高端品牌是胖鲨、天域和Boscam，这3个品牌都具有创新的技术。

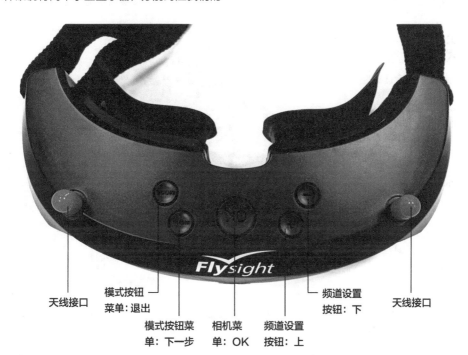

天线接口　　模式按钮　　　　　　　　　　　　　　　　频道设置　　天线接口
　　　　　　菜单：退出　　　　　　　　　　　　　　　按钮：下

模式按钮菜　相机菜　频道设置
单：下一步　单：OK　按钮：上

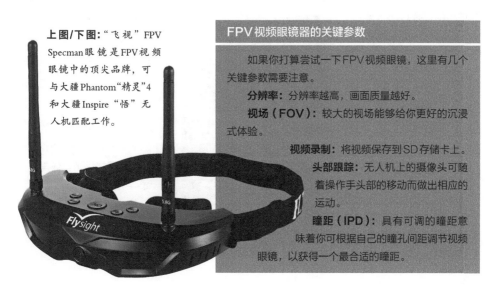

上图/下图："飞视"FPV Specman眼镜是FPV视频眼镜中的顶尖品牌，可与大疆Phantom"精灵"4和大疆Inspire"悟"无人机匹配工作。

FPV视频眼镜器的关键参数

如果你打算尝试一下FPV视频眼镜，这里有几个关键参数需要注意。

分辨率： 分辨率越高，画面质量越好。

视场（FOV）： 较大的视场能够给你更好的沉浸式体验。

视频录制： 将视频保存到SD存储卡上。

头部跟踪： 无人机上的摄像头可随着操作手头部的移动而做出相应的运动。

瞳距（IPD）： 具有可调的瞳距意味着你可根据自己的瞳孔间距调节视频眼镜，以获得一个最合适的瞳距。

发射机

如果你计划添置一架属于自己的无人机或者用自己的发射机进行飞行操作，那么你需要知道如何挑选一台好的遥控发射机，主要可根据功能、频道数及模式来进行选择。

我们没有必要去专门定制一台发射机，只需要了解一下有哪些可以用的商用发射机以及最合适的是哪一款。

频道（或称通道）

频道控制着无人机的每一个动作，一个频道对应一种类型的动作。油门（升力）占一个通道，俯仰（向前或向后）使用另一个频道，偏航（左或右）用第三个频道，而滚转（向左或向右倾斜）用第四个频道。一架四轴飞行器要用到至少4个频道，但如果还要安装相机、云台、GPS和FPV，则需要更多的频道。

上图： XG14 "tray" 发射机以其高品质著称，但如果要进行航空摄影，则需要一台外置的显示器。

右图： Teradek Bolt 300 是一套零延迟的无线视频传输系统，可在620米距离上传输无压缩的1080像素视频。它具有内置的天线，小巧紧凑，因此是理想的无人机视频传输发射器。

接收机

如果你单独买了一个发射机而不是购买一架已经带有发射器的无人机，则这个发射机也会相应地有一个接收机。这种接收机通常只与同一品牌的发射机相兼容，所以如果摔坏了，你需要再买一个相同型号的。

频率

　　发射机通常能够在多个频率下工作，并且与大部分多种型号的接收机匹配工作。需要注意的是，无人机的控制与FPV视频回传需在不同的频道上进行，以避免这两套系统之间相互干扰。通常无人机控制采用2.4吉赫的频率，FPV采用5.8吉赫。事实上也可以在这两个数值附近选择相应的频率。

　　较低的频率可以穿透一些障碍物，如墙壁、树木，因此有较长的传输距离。然而，由于相关的管制规定，我们只允许使用2.4吉赫和5.8吉赫的频率进行无人机的控制与视频传输。

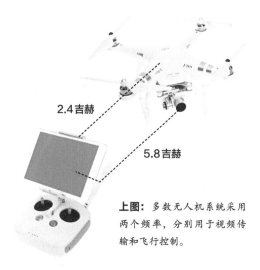

2.4吉赫

5.8吉赫

上图： 多数无人机系统采用两个频率，分别用于视频传输和飞行控制。

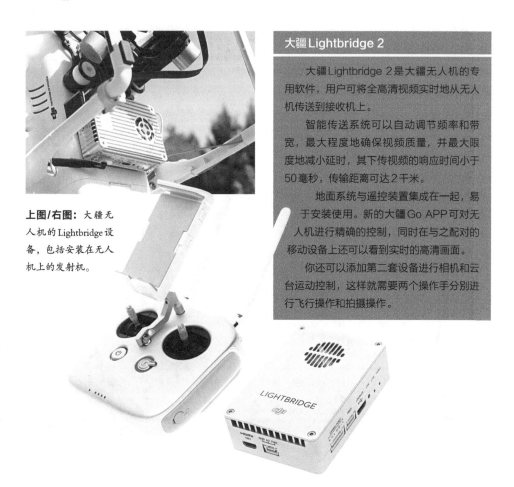

上图/右图： 大疆无人机的Lightbridge设备，包括安装在无人机上的发射机。

大疆Lightbridge 2

　　大疆Lightbridge 2是大疆无人机的专用软件，用户可将全高清视频实时地从无人机传送到接收机上。

　　智能传送系统可以自动调节频率和带宽，最大程度地确保视频质量，并最大限度地减小延时，其下传视频的响应时间小于50毫秒，传输距离可达2千米。

　　地面系统与遥控装置集成在一起，易于安装使用。新的大疆Go APP可对无人机进行精确的控制，同时在与之配对的移动设备上还可以看到实时的高清画面。

　　你还可以添加第二套设备进行相机和云台运动控制，这样就需要两个操作手分别进行飞行操作和拍摄操作。

天线

无人机最重要的部件之一就是天线。天线的种类很多，你可根据自己的需要进行选择，最重要的是要了解它们之间的差别，特别是当你自己制作改进型无人机时。

天线可分为定向天线和全向天线，也可分为线极化与圆极化两种类型。

　　所有的无人机天线都调制为2.4吉赫或5.8吉赫，所以你在设备上也需要调整到相同的频率。虽然有很多其他可使用的频率，但

大多数FPV天线采用5.8吉赫。多数FPV接收装置现在也采用5.8吉赫，因为在全球多数国家这个频率是合法的。根据所在的地点，你也可采用900兆赫（美国较为流行）、1.3吉赫或2.4吉赫的频率传输FPV视频信号。

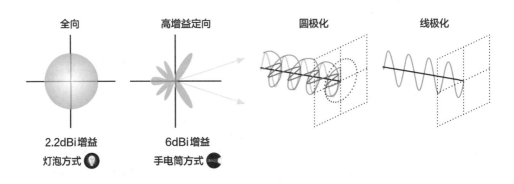

全向	高增益定向	圆极化	线极化
2.2dBi增益	6dBi增益		
灯泡方式	手电筒方式		

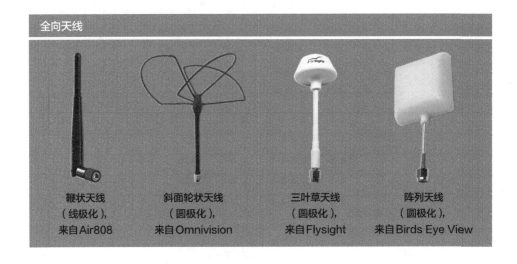

全向天线

鞭状天线
（线极化），
来自Air808

斜面轮状天线
（圆极化），
来自Omnivision

三叶草天线
（圆极化），
来自Flysight

阵列天线
（圆极化），
来自Birds Eye View

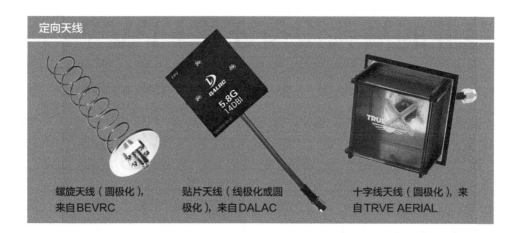

定向天线

螺旋天线（圆极化），
来自BEVRC

贴片天线（线极化或圆
极化），来自DALAC

十字线天线（圆极化），来
自TRVE AERIAL

圆极化与线极化

　　天线的类型主要包括两种，一种是线极化天线，另一种是圆极化天线。线极化天线在一个平面上形成信号。圆极化天线以先后的方式形成圆形螺旋状信号。线性信号的传播距离要更远一些，因为其能量都集中在一个平面上而不是分散的，但天线需要与目标在同一条线上对齐才能很好地工作，而无人机通常处于移动状态，所以这就可能会带来一些问题。

　　圆极化天线的接收能力要更强一些，这是由于其信号呈螺旋形，并且采用相互层叠的方式，不管飞行中无人机的天线处于什么角度都能接收到信号。这种类型的天线在无人机上应用得更普遍一些。

定向天线与全向天线

　　线极化和圆极化天线又可以分为定向的和全向的，主要的区别在于定向天线在一定的信号宽度上所能到达的距离更远（覆盖宽度小），而全向天线有着较宽的信号覆盖范围，但作用距离短。

　　全向天线可提供较大的覆盖范围，大多数无人机都采用这种天线，这样你就不需要始终将天线对着无人机。定向天线有较高的增益，但需要在视线内始终对着无人机。

多天线接收机

　　有些FPV设备组合使用多种类型的天线，例如为获得较大的有效传输距离，使用全向天线以获取较大的覆盖范围，同时用高增益的定向天线在特定的方向上获得较长的作用距离。

多类型天线的接收机

　　为获得最佳信号，有些接收机采用两种不同类型的天线，例如用全向天线获得较好的中等距离的接收能力，同时用线极化天线（如Yagi）获得较长距离的接收能力。多类型天线的接收机可以对两种天线的信号进行分析，也可以在这两种信号之间进行切换，以获得最佳的接收效果。

专业的视频设备还是FPV？

对于无人机的相机有3种选择方案：一是专门的FPV相机，可获得最佳的FPV体验，但视频的画面质量较低；二是采用两个相机，一个用于FPV视频拍摄，另一个为专业相机，用于获得最佳的拍摄画面质量；三是采用一个集成的视频与FPV相机，可获得较好的视频画面质量。

随着相机技术的发展，数据传输速度越来越快，如何选择组合方式在不久的将来也不再会是一个问题。每架无人机都会配备4K高清相机，并具有相当快的传输速度和非常短的延迟。

专用的FPV相机

一台专用的FPV相机可以给你带来非常好的飞行体验，但不足之处是拍摄画面质量较低。这种相机不安装在云台上，因为它始终保持向前的方向而不是向下的方向，这样在无人机飞行时能够给你带来最直接的视觉感受。FPV相机也比专门的视频相机要便宜很多，重量也轻得多，这对于延长无人机的飞行时间是非常有利的。

租用视频相机与低像素的FPV相机组合使用

专业与大型无人机的配置通常采用这种方案，但需要一个无人机操作手和一个摄影操作手。一旦在无人机上搭载单反相机或者更大尺寸的相机，你就需要一个专门的相机操作手，他知道如何操作相机和云台，而且不必再分散精力去操控无人机。

这是最贵也是最麻烦的一种配置方案，但能够获得最佳的拍摄结果。只有当你决定要成为一名专业的航拍摄影师时才需要尝试这种方案。

上图： 一台专用 FPV 相机，如"胖鲨"PilotHD，其 FPV 体验极佳，但画面质量最高只能达到720像素。

上图： GoPro Hero4，一台具有4K分辨率的航拍相机，但无法作为航拍相机和FPV相机同时使用。

上图：安装在三轴云台上的CGO3 4K相机，这是Yuneec无人机上替代大疆4K相机的最佳产品。

租用视频－FPV一体机

随着相机与云台技术的快速发展，视频－FPV一体化相机也在快速地成为一种常规的方案。越来越多的无人机平台将云台及高清运动相机作为标准配置，如果没有一体化的云台设备，大多数人不会获得比大疆Phantom "精灵" 4画面质量更好更流畅的视频。

作为非一体化云台的相机，GoPro Hero安装在云台上，既作为视频拍摄相机，也作为FPV视频回传相机。这也是一种常用的可选方案。拍摄高质量视频的方案很多，都可以获得4K的高清画面，而且随着技术的发展差别会越来越小。

上图：大疆Phantom "精灵" 4无人机上的4K相机。

无刷电动机

无刷电动机是无人机中的关键部件。没有这种极轻极小的无刷电动机，四轴飞行器不会发展成为现在的样子。

这部分内容或许只有极少数极客会涉足，但作为一名专业的航拍摄影师，你仍需要了解一下你的无人机是怎么飞行的，尽管你可能希望在如今的市场上直接拿到一台开箱后就能立刻去飞的无人机。

无人机是如何工作的？

无人机的每一个螺旋桨都直接与一个无刷直流电动机连接，所有的电动机都由电子调速器（ESC）进行控制。这就可以对升力、速度、加速度和稳定性进行精细的调节。

无刷直流电动机是在有着100年历史的有刷直流电动机基础上发展起来的，它们的主要区别就是有刷电动机靠"刷子"，实际上就是磁铁接触电动机的旋转轴。这个过程非常可靠，但由于是物理接触，所以就存在磨损问题。

上图： 较大的外转子电动机用于连接高端拍摄设备的云台。

无刷电动机早在20世纪60年代就开始生产，但直到最近这些年才在遥控航模领域发挥其作用。这种电动机更加先进，并且需

右图： 这种用于多旋翼无人机的无刷电动机由高精度数控机床的部件发展而来，内含强大的40UH高温磁铁。

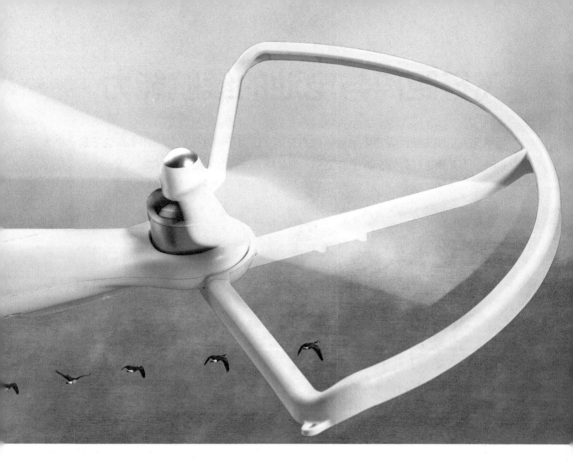

要专门的电子调速器来进行控制。这种电动机里面没有物理接触，因此被称为"无刷"，这就意味着它能够运行更长的时间，相对于有刷电动机来说效率也更高。

无刷电动机比有刷电动机的价格要高，但尺寸小得多，重量也轻，另外最关键的是它能够更持久地运行。

主要部件

无刷电动机由一个外部的永磁铁可旋转部件组成，上面缠绕着3组线圈，通过效应器件来感知这个旋转部件的位置，并通过电子调速器加以控制。线圈通过电子调速器依次被激活，电子调速器则依次从效应器件获得信号。

上图： *无刷电动机安装在螺旋桨的下面，即使损坏也非常易于更换。*

两个主要部件分别是与磁铁安装在一起的外转子和一个具有静电磁器件的内转子。这种类型的无刷电动机称为外转子电动机就是因为旋转着的是一个外部组件。

多旋翼无人机只采用外转子电动机，因为这种电动机能够驱动螺旋桨产生较大的扭矩。内转子电动机的旋转部件在内部，旋转的速度更快，但产生的扭矩较小。这种电动机主要用于遥控汽车。

飞行距离与电池的续航能力

目前无人机的主要问题是电池续航能力有限。这对于初涉航拍领域的人来说不是一个大问题，但如果想在野外开展拍摄工作，则会成为一件令人头疼的事情。

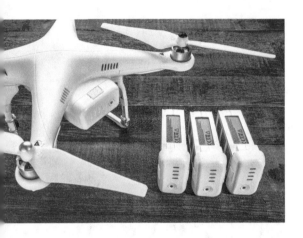

左图: 随身带几块备用电池可以延长你的拍摄时间，以免遗漏需要拍摄的镜头。

的环境中（例如船上或者悬崖边）拍摄，你就需要考虑无人机安全飞回来所需的时间。

备用电池

对于续航能力较低的电池，最常见的解决办法就是随身带着备用电池。一些高端无人机都具有可拆换的电池，因此你可以带几块备用电池。电池充电的时间大约是90分钟，而且只能在车上或者回家后才能进行充电，因此充电就成了一件非常重要的事情，以便在下次飞行时能够有充好电的电池作为备用。廉价的消费级无人机通常采用内置电池，需要连接无人机进行充电，所以这种无人机没法给你更多的飞行时间。这一点也是当你想去购买第一架无人机时需要考虑的事情。

虽然大多数专业消费级无人机都宣传说能够飞行20分钟以上的时间，但事实上由于相机重量、天气条件以及耗电的APP等因素，电池的续航能力会快速地缩短到15分钟甚至10分钟。10分钟在影棚中拍一些好的照片还是足够的，但如果你在较为恶劣

左图: 不要过早地提前充电，从离开充电器那一刻，电池的电量就开始缓慢地减少了。

下图： 所有的锂离子电池在过充状态下都会膨胀，这是由于少量电解质汽化所致，所以要避免过充。

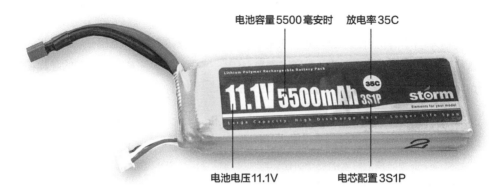

电池容量5500毫安时　　放电率35C

电池电压11.1V　　电芯配置3S1P

高安培数

如果你挑选的无人机具有可拆卸的电池，就要寻找合适的具有较高安培数的电池。安培数或称安时，是指在连续1小时内电池所能提供的可利用的电流。通过这个办法，你可以增加相当可观的飞行时间。但高安培数的电池重量也会有所增加，这对飞行时间会带来负面的影响，特别是当你还要携带一架大的相机进行飞行时。

在购买之前一定要确认你的无人机是否与电池的安培数匹配。一定要仔细阅读无人机的使用手册！

提示

也一定要带上遥控器的备用电池。如果加上FPV和监控视频，那么电池电量的消耗会更快。

如何延长电池的续航时间

如果无人机用户手册上给出的飞行时间是15分钟，你就不要期望它能够延长飞行时间到25分钟。但仍有些办法可帮助你延长一下电池的续航时间。

1. 当你开始学习无人机飞行时，如果可以的话，先不要安装相机。这样能够减轻重量，从而增加大约10%的飞行时间。

2. 如果要携带一台较大的相机飞行，你可以通过安装稍大些的螺旋桨来延长电池的续航时间。用几组不同尺寸的螺旋桨进行测试，并记下可以达到的飞行时间。

3. 避免在大风或者雨天飞行，因为在这种天气条件下无人机需要更多的能量来保持稳定。这对于飞行时间来说是负面的影响。

4. 不要完全用尽锂离子电池的电量，也不要充电充过了头。这会缩短电池的寿命，最多达30%。

5. 可充电的电池在即使不使用的情况下也会慢慢地放电而产生损耗，因此最好在你准备飞行前的数小时进行充电，而不要提前几天就好充电。

自动跟随系统

直到不久之前，捕捉自己在运动中的画面仍不是一件容易的事情。而现在越来越多的无人机开始配备自动跟随系统，即通过你身上的GPS发射器，可实现在预定的距离和高度对你进行跟随拍摄。这不就是无人机的未来吗？

无人机1.0时代即将结束。通过摇杆控制多旋翼无人机需要很高的技巧。这种方式来自于遥控航模爱好者的那个时代，与你只需要按下按钮就能自动飞行的无人机相差很远。

市场，其中的代表有大疆Phantom"精灵"4、新款的4k GoPro Karma、Hexo+、大疆"精灵"3以及3DR Solo。它们都是近两年陆续进入市场的，其共同特征都是具备自动跟随系统。

无人机2.0时代

造就多旋翼消费级无人机巨大市场的挑战在于价格，而无人机的功能形式上的创新则蕴藏着巨大的商机。这种挑战正在被克服，无人机的控制系越来越友好，价格也在逐渐降低，或者在性能和价格之间形成一定的平衡。无论如何，无人机正在变得越来越好用。

现在，一批新一代的四轴飞行器正在进入

随体控制

自动跟随系统可与你身上携带的GPS发射控制器建立连接。你预设好无人机的高度、距离和角度参数后，让无人机起飞，然后就可以自由活动了。除非你进入汽车内，否则无人机会一直跟着你，无论你是在滑雪、山地骑行还是在进行你梦寐以求的皮划艇运动。

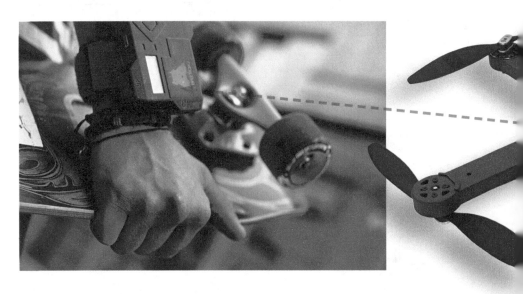

上图：Hexo+无人机可通过智能手机上的APP进行控制，可使用自动飞行模式对你进行跟随拍摄。

GPS与GLONASS

从2015年开始，大多数无人机都采用美国的GPS（全球定位系统）或者俄罗斯的GLONASS系统。如果GPS设备同时能兼容GLONASS系统的信号，那么智能手机或无人机就有更多可以利用的卫星，这就意味着定位可以更快速且更精确。

只要电池电量够用，无人机会一直跟着你。不过你要确定剩余的飞行时间能使无人机飞到你重新接管控制的位置，并在电池电量耗尽之前安全地降落到地面上。

左图：高端无人机AirDog具有特别开发的功能，如针对极限运动的自动跟随飞行模式、可折叠的臂杆（便于旅行），可通过专门的跟踪设备快速方便地进行控制（左侧箭头所示）。

恶劣天气条件下的防护措施

一旦你掌握了在良好天气条件下的飞行和拍摄技巧，你一定会迫不及待地想去挑战一下有些冒险的环境。但你真的可以在浓雾、大雨或者暴风雪天气下操作无人机飞行吗？

大多数无人机并不能应对糟糕的天气，顶多能对付突然袭来的一阵毛毛雨。用一架便宜的玩具级无人机进行试验显然是首选的办法，这样能避免损坏昂贵的无人机。除了无人机可能会面临的风险之外，如果发生坠落事故，也可能会对拍摄设备造成损害。

一定不要这么做！

大多数无人机的设计没有考虑要在潮湿环境下进行飞行。无人机顶部通常有排气缝隙，用于冷却电动机，但是一旦有雨滴落在机身上，就有可能渗进去对电路设备造成严重的危害，甚至会造成短路。因此，大多数厂商都要求在无雨的天气下使用无人机。

如果你在大雾中使用无人机，其表面会凝结水滴，就存在渗水的风险；而且相机镜头会很快被水雾覆盖，拍出来的视频也没有用。

另一方面，如果在飞行的时候突然开始下雨，那么千万不要惊慌，以免造成无人机坠毁。如果无人机被打湿了，一定要完全把它弄干。你可以使用吹风机，这样干燥的速度会比较快。务必要把电动机、线圈和轴承弄干，否则它们会相继卡顿，无法正常运转。将无人机弄干后，先以较小的转速进行测试，看看它能否运行正常。

Tayzu Robotics 公司的防水无人机

Tayzu Robotics公司的Quadra无人机比市面上任何轻便型的四轴飞行器都具有更多的功能和优点。Quadra无人机可搭载GoPro相机，并具有防水设计，可在潮湿的天气条件下飞行，甚至还可以在水里起飞和降落。安装上防水的相机保护壳后，在起飞前你还可以从水下开始拍摄。这款紧凑型无人机的飞行距离还不错。

Tayzu Robotics
公司的防水无人机

纳米涂层的防水功能

新的纳米涂层工艺采用疏水材料进行处理，甚至一些非常小的电子元器件也可以进行隐形的防水处理。Liquipel公司已经开始将这项技术应用于无人机，他们甚至可以提供为期一年的质保。其实在大多数无人机厂商采用之前，这项技术在一些智能手机、平板电脑和手表上就已经得到应用了。如果你特别关心无人机的防水问题，就可以留意一下你所在地区是否提供纳米涂层服务。

下图： 经过纳米涂层防水处理后的大疆Phantom "精灵" 2无人机完全浸没在水里时依然完好无损，可以正常工作。

如果真的必须飞行，有以下几点建议。

在大雨中进行无人机飞行绝对不是什么好主意，但为了得到一些独特的拍摄镜头，或许也值得去冒这个风险。（在此申明：如果你无视无人机厂商的建议，所有的风险需要你自行承担！）设想一下无人机拍能够摄到的画面：雪花纷飞、薄雾中的日出或者温泉的热气。在起飞之前，先仔细地做好拍摄计划，清楚地知道你要拍些什么，起飞后迅速进行拍摄，并尽可能快地将无人机飞回来。

下图： 不要在极端天气下进行无人机飞行，除非你已经做好了防水保护措施。

云台

近年来给现代相机无人机带来彻底变革的核心设备是采用三轴无刷电动机的相机云台，它使用了与无人机飞行稳定相类似的技术。

云台最初来源于古老的航海技术，首先应用于船舶的航向保持仪器（如陀螺仪、指南针等），不管船只如何摇晃，都能始终保持指向同一个方位。后来在商业航空领域得到了应用。

三轴相机云台

云台是一个由枢轴支撑的装置，相机可在其中单个轴上旋转。云台由一组3个万向架组成，每一个安装在另一个里面，从而实现三轴控制。最内侧的万向架独立于其外部支撑部件进行旋转。

云台的3个万向架分别由3个无刷电动机驱动，三轴云台用于实现相机在3个轴上的运动（俯仰、左右、前后），并可阻隔震动和摇晃。通过惯性测量单元（IMU）检测出平台的运动，3个电动机分别以相反的方向做出反应。

一个经过校准反应灵敏的三轴云台可拍摄出平滑稳定的视频，与那些因晃动而不可用的视频有着天壤之别。这就是为什么一旦你完全掌握了无人机操控技术，就可以轻松地使用它进行平移、推轨、动拍以及跟随拍摄，而不仅仅是从空中进行拍摄。这还只是

上图： 与市面上的大多数云台不同，大疆Zenmuse相机云台可以为微单相机提供稳定功能。

开始。 顺便提及，在手持式斯坦尼康设备上也使用了相同的由无刷电动机驱动的三轴云台技术。

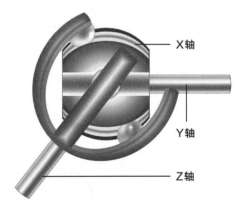

上图： 一套3个万向节安装在3个轴上，分别控制着滚转、俯仰和偏航。

它是如何工作的？

简单地说，惯性测量元件将作用力转换为电信号，再通过陀螺仪反馈给控制器。控制器将每秒数百条的指令发送给三轴云台，使其对相机起到稳定作用。再简单形象一点儿，以上所述就类似于这样的过程：向左偏一点儿……再偏一点儿……再回来一点儿……再往右稍微偏一点儿。这些指令不仅能让相机保持水平，还能消除掉由于旋翼和重力产生的震动。

无人机中的大多数组件都是电子元器件，没有任何可以移动的部件，但惯性测量元件

上图： 云台是非常脆弱的设备，所以在运输过程中需要安装一个塑料卡扣，这有助于确保云台和相机的安全。

内部却有可移动的结构，从而可对过载和重力产生响应，它们可以测量到非常微小的冲击。惯性测量元件将信号回传给控制器，进而精确地得到作用力的大小和方向。

机载计算机（控制器单元）将这些信号转换为指令并发送给云台。

右图： 在应用于无人机之前，采用配重方式的相机云台在"斯坦尼康"摄影设备上已经使用了很长一段时间。

选择正确的云台

如果你的无人机没有内置的相机，而你打算单独搭载一台相机进行飞行拍摄，那么这里有一些关于如何选择云台的建议。

轴的数量

虽然有些贵，但建议选择三轴云台。两轴云台对于有些运动扰动是无法消除的，你迟早会后悔当初没有选择三轴云台。

可遥控

要确定你所选择的云台能够与你的无人机相兼容，以便你可以遥控相机的运动。

与相机的适配性

你的云台是要用来挂载相机的，如果你打算挂载较大的相机，就需要选择一个强有力的云台来支承相机的重量。同样，如果你的云台对于相机来说过于笨重，它也无法很好地工作。总之，要确定云台和相机能够相互匹配。

校准

校准云台不是那么容易，最好购买那种针对你的相机已经进行过预先校准的云台。如果云台是为你那款无人机专门配备的，它应该已经被预先校准过。尽管如此，也最好确认一下。

地面站的设置

地面站是与无人机进行通信的中心。如果你拥有的是一架"到手飞"型无人机，如大疆Phantom"精灵"4，那么地面站的设置可能是非常简单和快速的。如果你手里有一个专门定制的无人机系统，那么了解一下地面站如何工作将会非常有用。

地面站的主要功能是传送测量数据和FPV视频回传，以及从你所处的地方对无人机进行遥控。对于不同的无人机以及不同的地面站集成方式，地面站的设置也会有所不同，但主要的组成部件是相同的，有些甚至不需要你自己进行设置。

设置方法

地面站的基本组成包括接收机、监视器（也可能是视频眼镜）以及天线。大多数"到手飞"型无人机现在都采用一体化的设备，并且可以将智能手机或平板电脑作为监视器。

下图： 2.4吉赫和5.8吉赫是最常用的频率，根据你所用设备的情况和你所在国家相关法律的规定，可以组合使用不同的频率。

右图： 一套完整的FPV设备。

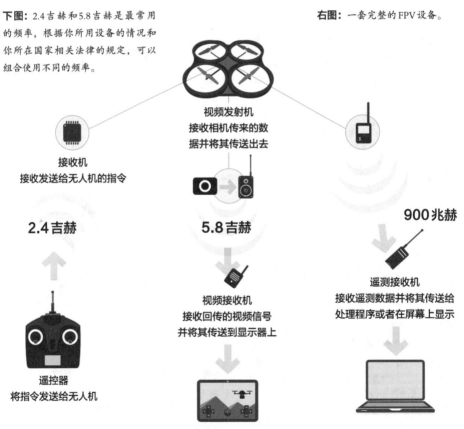

视频发射机
接收相机传来的数据并将其传送出去

接收机
接收发送给无人机的指令

2.4吉赫

5.8吉赫

900兆赫

遥测接收机
接收遥测数据并将其传送给处理程序或者在屏幕上显示

遥控器
将指令发送给无人机

视频接收机
接收回传的视频信号并将其传送到显示器上

以上3路信号回传须在不同频率上进行

左图： FPV视频屏幕同时兼作无人机飞行路线的规划器，可在无人机起飞前进行航路点规划。

通过这样的一套设备，你就能够遥控你的无人机，并观看无人机发送回来的FPV视频。需要提醒的是要记得带上接收机和天线所需的备用电池。

如果你使用视频眼镜，不要弄得过于复杂，因为你无法看到无人机在空中飞行的姿态。

除了基本的设置，你还可以选择多样化的模块，例如用两种类型的天线，其中一个天线用于跟踪无人机的方位，另一个用于较远距离的跟踪，还可以用另外一台显示器来显示相机拍摄到的视频画面。

遥测数据

对地面站来说最重要的数据就是遥测数据，包括无人机发射机和地面站之间的数据往来，如电池电量、高度、方位、GPS或GLONASS坐标数据、风速，以及无人机所能获得的其他数据。

所有这些数据都会通过程序进行分析，并叠加显示在FPV回传的视频画面上。这几乎已经成为了专业消费级无人机的标准配置。

自制无人机

你不需要成为火箭科学家也能够自己制作无人机，但需要会用电烙铁，并能够认真仔细地阅读指导手册。这是一个好的开始。经验的学习需要通过动手来获得，当你在拍摄中遇到一些问题，而碰巧又不能上网求助且没有备用零件时，这种经验就显得格外重要。

无人机大致可分为四大类："到手飞"型无人机、准"到手飞"型无人机、无人机组装套件和完全自己摸索制作的无人机。另外，前两类无人机还有一个子类称为"绑定飞"型无人机，这种无人机需要与你的遥控器进行配对使用。

准"到手飞"型无人机套装

准"到手飞"型无人机的组装工作量仅次于"到手飞"型无人机，机架、电动机和其他核心部件都已经组装好了，但有些部件出于包装和运输的需要被单独放在包装盒里。还有的准"到手飞"型无人机套装里不包括发射机、接收机、遥控器、电池和充电器，所以你需要自己购买。你还需要做一些研究，弄清楚它们是否能够彼此兼容。另外，组装完成后，你需要对所有的部件进行校准。

优点： 相对于"到手飞"型无人机，可以选择质量更好的配件，具有较高的定制化水平。

缺点： 通常遥控器、发射机和接收机需要另外购买。

准"到手飞"型无人机套装推荐
3D Robotics Iris+准"到手飞"型无人机套装

- 易于组装，不易损坏。
- 最长飞行时间为20分钟。
- 可搭载GoPro Hero系列运动相机（见本书第69页）。
- 配备有飞行控制器、电池、充电器、发射机和接收机。

大疆F450"风火轮"四轴飞行器套装

- 这是市面上最好的消费级无人机套装。
- 可搭载GoPro Hero系列运动相机。
- 配备有飞行控制器、电池、充电器、发射机和接收机。

大疆F550"风火轮"六轴飞行器套装

- 这是最好的专业消费级无人机套装。
- 可搭载GoPro运动相机和微单相机（松下GH4、索尼a7R 2，见本书第75页）。
- 配备有飞行控制器、电池、充电器、发射机和接收机。

无人机组装套件

学习如何制作无人机最好的办法是购买一个包含有所有无人机部件的组装套件。这是自己制作无人机最令人满意和最可靠的途径，而且在组装过程中你还将学到很多知识。如果套件的质量比较好，所有的部件都经过了校准，那么组装好的无人机性能也会很不错。你需要学会使用螺丝刀、六角扳手和电烙铁，通常套件中都附带有详细的组装指导手册。

优点： 获得丰富的学习经验，比购买"到手飞"型无人机便宜，定制化程度高。

缺点： 为获得好的质量，通常会比"到手飞"型无人机的价格高；有些组装套件中可能不包括所有的部件。

上图： 这是一架经过改装的大疆 Spreading Wings "筋斗云" 1000 型无人机，通过定制的电池延长了飞行时间；加装了高规格的云台，可以搭载单反相机。

组装套件推荐

Tarot FY680 专业六轴飞行器套件

- 性价比高。
- 多样性，可搭载多款 GoPro 运动相机和单反相机。
- 六轴飞行器的稳定性好。

Align M690L 多旋翼套件

- 具有高速、高精度的飞行控制器。
- 载荷量大，可搭载单反相机。
- 可以完全定制或升级改造。

无人机 DIY

自己动手制作无人机需要大量的时间并投入大量的精力。你需要完全从头开始了解各个厂商的零部件，以及如何将它们组装在一起成为一架理想的无人机。这不是完全没有可能的，但你一定要主动地去寻找更加专业的指导和相关信息。

第3章 拍摄设备

随着无人机机载相机技术的发展，航拍无人机已经能够拍摄出和顶级电影摄影机相媲美的画面。选择拍摄设备是一件比较复杂的事情，因为它直接与你在无人机上的资金投入相关。

本章我们将讨论以下内容。

- 一体化拍摄系统。
- 附加的拍摄系统。
- GoPro和运动相机。
- 微单相机与单反相机。

一体化拍摄系统

在你准备倾其所有购买一架专业级航拍八轴无人机（例如可搭载4K相机的大疆S1000无人机）之前，你要想好准备拿它做什么。

上图：大疆 Inspire 1 Pro 无人机搭载有一体化的4K微单相机，是目前市面上最高级的专业消费级"到手飞"型航拍无人机。

购买四轴飞行器的基本原则就是考虑它的价格，所以，如果你是航拍无人机新手，建议从小的便宜的机型开始。

入门级

熟悉了玩具级无人机之后，你可以入手一架带有简单摄像头的无人机，它可以拍摄480像素或VGA分辨率的视频。如果你想拍出更好的画面，那就需要至少可拍摄720像素或HD高清画质的相机。任何低于这个性能的相机都会令人失望，特别是我们现在使用的都是高清晰度的电脑显示器及电视显示器，所以720像素对于哪怕是便宜一点儿的无人机来说也是必需的，否则拍到的只能算是空中的监控画面。

经济型的配置

为了进一步的发展，你可能希望在智能手机或小型遥控器的显示屏上看到"第一人

称视角"的实时画面。控制无人机进行航拍仍不是最重要的，通常大多数遥控器上面都有安装智能手机或平板电脑的接口，这意味着你需要通过一款免费的APP与自己的设备进行配合来手动地控制飞行。

WLtoys V666 FPV四轴飞行器和Revell X-Spy都是这一经济型配置范畴内很好的选择，其中有720像素的防抖相机、良好的飞行控制性能以及一些可以选用的配件。Hubsan X4 FPV四轴飞行器仍然属于玩具级别的无人机，但它提供640像素视频SD卡记录功能，并具有开始进行无人机航拍冒险所需的一切特质。

Revell X-Spy

左图：Parrot AR. Drone 2.0 无人机搭载一体化的高清相机，可拍摄1280×720像素的高清视频，也可以在飞行中拍摄静止的图像。

中档配置

如果有稍微多一点儿的钱，可以考虑购买一架飞行时间更长、具有更高分辨率和飞行控制系统处理速度更快的无人机。这意味着其飞行控制能力更强，视频录制效果也更好。通常这二者是同时具备的。

Parrot AR. Drone 2.0 就是这样一款高品质并搭载有93°视角720像素画质相机的无人机，并可插入U盘直接保存录制的视频。

高端配置

只有通过带有云台稳定功能的无人机，你才能拍摄出真正高质量的视频画面，这就是为什么大疆无人机能够征服无人机市场的原因，这是由于其具有非常高的品质，内置带有云台的相机，并可直接将视频保存到U盘或SD卡上。

法国Parrot Bepop 2型无人机具有1400万像素的相机和三轴稳定的云台，但这仍不足以与大疆Phantom"精灵"3标准型无人机相媲美。后者提供了与前者相同的功能，包括2.7K的高清视频与图像、720像素的FPV实时画面回传以及长达25分钟的飞行时间，但在价格上，Parrot Bepop 2型无人机是"精灵"3标准型无人机的两倍。

下图：大疆Phantom"幻影"3标准版是一款集成了相机的高性能低成本无人机，如果你的预算有限，可以考虑购买这款无人机。虽然已经有很多高级型号的无人机可以取代它，但以其如此亲民的价位，你不能不考虑它。

顶级配置

当前顶级无人机领域中的两个主导品牌是大疆（DJI）和昊翔（Yuneec）。这两家都有价格不是很高的4K航拍无人机，而目前没有其他公司能做到这一点。这样的一款专业消费级无人机几乎集合了所有成熟的先进技术。

基于大疆Phantom"精灵"3无人机，"精灵"4几乎实现了所有不可能的壮举。唯一可以与之相比的是昊翔"台风"4K无人机，但它仍无法追赶上前者。

大疆Phantom"精灵"4无人机具备了其前辈型号所有的功能，包括带有云台的4K相机（可拍摄出极其完美的画面）、安全的自动返回功能、可自定义的飞行模式（跟随拍摄功能、可避障传感器、移动目标跟踪能力），并可用智能手机或平板电脑上的APP设置飞行目的地。这款无人机的飞行距离可达5千米，最大飞行时间为28分钟，最大飞行速度为72千米/小时，无疑这是迄今为止可选择的专业消费级无人机中最好的一款。

下图：非常先进的大疆Phantom"精灵"4无人机可通过智能手机或平板电脑进行取景及拍摄。通过简单的屏幕点击命令，就可以自动地以4K高清画面进行连续跟随拍摄。

专业级无人机

如果你想在专业级无人机市场上挑选最高品质的"到手飞"型无人机，那么现在只有两款无人机可供选择，而且它们都来自大疆公司。

大疆"悟"Inspire 1 V2.0"到手飞"型无人机装备有专业的4K相机，带有三轴云台，可通过Lightbridge系统传输无线高清视频，具有飞行与摄像两套控制系统。大疆"悟"Inspire 1是获取顶级画质的专业航拍首选无人机。

更加专业的一款无人机是大疆"悟"Inspire 1 Pro型无人机，配备有微单相机。这是目前最好的"到手飞"型无人机，它搭载有Zenmuse"禅思"X5稳定云台，其4K影片的拍摄能力也是突破性的。

上图： 大疆"悟"Inspire 1是仅次于"悟"Inspire 1 Pro的一款无人机，具有专业的航拍能力，配备没有鱼眼畸变的可拆卸4K相机以及Lightbridge数字图像传输系统。

可用的备件

无人机容易损坏，在你学习飞行的过程中，难免会打碎几副螺旋桨或者其他部件。多数无人机都配有备用螺旋桨，通常每个电动机会配有两个。但这可能还是不够用，所以提早准备好备用件是非常必要的，否则每次购买时你可能需要等待几个星期，如果不合适，甚至还不得不重新订购。

附加拍摄系统

如果你已经有了一台运动相机，或者你是一名使用微单相机的摄影师，你希望只是通过添加一些镜头就能拍摄到高质量的画面，那么你最好选择购买一架能够搭载现有相机的无人机。

如果你是一名专业的摄影师，需要进行一些专业化的定制，那么做这方面的研究对你来说不是什么麻烦的事情，剩下的问题就是你的预算以及从长远考虑你希望拥有一套怎样的系统。

可附加相机的无人机的优点

控制：如果你不喜欢配备一体化相机的无人机拍摄出来的超广角画面，那么可以用微单相机、单反相机或者电影摄像机来替代，但你需要一架能够搭载这类设备的无人机。这样你就能自己设定拍摄模式、图片格式、拍摄帧数，以及如何存储拍摄的视频。

稳定性：你还需要购买一个云台系统，并能够与你的相机很好地兼容。

电池寿命：一台独立的相机使用其自带的电池，因此不会消耗无人机上电池的电量。

右图：大疆 Spreading Wings "筋斗云" 系列无人机是专门为搭载较重的微单相机而设计的。

下图： AirDog是一款小巧灵活的可折叠式四轴飞行器，可搭载GoPro相机，特别是为电影拍摄以及极限运动发烧友而设计的。

灵活性： 由于不是与无人机一体化的相机系统，因此你可以在无人机上搭载使用自己的相机。松下GH4或者奥林巴斯OM-D相机都是用于无人机航拍很不错的选择，它们最适合进行小制作的4K影片拍摄。

可附加相机的无人机的缺点

重量增加： 任何比GoPro或索尼Action Cam重的相机都需要一个功能更强大的无人机，它的载荷能力要更大，因此就需要大一些的螺旋桨，同时还需要更大的云台和电动机。这样一套装备要比具备一体化相机的无人机系统贵得多。

集成度不高： 你的相机没有与无人机一体化集成，就意味着你需要另外一个专门的控制系统对相机进行控制，同时还需要一位专业的副操作手。

购置成本增加： 在专业相机以及与之配套的云台系统上较高的成本投入，可能会让你转而去选择内置相机的无人机。

附加相机的无人机

可附加相机的"到手飞"型无人机市场通常被认为比内置相机的无人机具有更大的利润空间。它需要用户对技术有更多的了解，但在购买之前，你仍然有一些可降低投入的选择。请记住，这种无人机的价格不包括相机和云台，所以在你的总预算中一定要把这两项添加进入。

经济型配置

对于大多数较为经济些的无人机，你不要期望它搭载相机的能力有多大。通常多数无人机能够搭载一台 GoPro 3 或 4 型相机，这是市面上最为常见的两款运动相机。

Ionic Stratus 四轴无人机是这类无人机中最为便宜的，它可搭载 GoPro Hero 相机，具有六轴陀螺系统、一键返航功能、防撞保护圈以及一键特技等好玩的飞行模式。

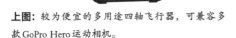
上图：较为便宜的多用途四轴飞行器，可兼容多款 GoPro Hero 运动相机。

中档配置

比较便宜的可搭载 GoPro Hero 运动相机的无人机要数大疆 Phantom "精灵"系列了，但需要自己添置相机。

上图：Flying 3D X8 无人机可替代大疆 Phantom "精灵"标准型无人机，但如果用于航拍，就需要增加额外的电池、云台及相机方面的预算。

Flying 3D X8 无人机在市面上已经销售了两三年，其固件的漏洞已经被修补，飞行品质得到了很好的提升。它可搭载 GoPro 运动相机，具有一键返航、低电量自动着陆功能，飞行时间可达 15 分钟，配备有低成本的备用电池以及具有大尺寸 LCD 显示屏的遥控器。总的来说，它是大疆 Phantom "精灵" 3 标准型无人机的替代机型。

高档配置

添置完云台和相机，你在这一档次所选择的无人机将超越市面上任何一款内置相机的无人机。

有 3 款无人机可供你选择，每一款都有自己的独特之处。BLADE 350 QX3 四轴无人机配备有 GoPro 运动相机安装支架，具有失去控制时的自稳定安全功能以及自动返航/自动着陆组合功能。你可以设置飞行边界，使其不能飞出所设定的范围。

右图： 3DR Solo无人机是进行
航拍无可比拟的绝佳工具。

3DR Solo无人机比大疆Phantom "精
灵"3标准型无人机要贵一些，而且没有内
置的相机，但它有专门针对GoPro Hero运
动相机设计的云台，并且操控性能极佳。这
款无人机的拍摄模式包括自拍、直线拍摄以
及自动跟随拍摄等，这些模式下拍摄的视频
在完全手动飞行情况下几乎是不可能实现的。
所谓直线拍摄就是你设定一个开始点位置A
（包括倾斜角度），再设置另一个位置点B及
其角度，Solo无人机就会从A到B按照预先
设定的角度平稳地进行直线平移。以其出色
的拍摄画面，Solo是无可比拟的，但你需要
自己购置GoPro运动相机。

在这一档次的无人机中，最贵的一款是

Hexo+，它针对的是极限运动电影制作者。
安装上GoPro Hero运动相机后，它可以拍
摄出4K高清视频画面。由于采用的是六轴飞
行器，因此，它比大多数四轴飞行器具有更
大的升力和稳定性。它也具有很多电影拍摄
所需的运动模式，如360°扫描、侧滑、跟
随、自动跟随、自动返航以及低电量自动着
陆等。它的主要用户群是电影拍摄工作者。

右图： Hexo+无人机与GoPro
运动相机完美结合。

顶级配置

在专业消费级无人机中，顶级配置的无人机具有更加先进的飞行控制能力，同时这一类无人机具有更大的飞行载荷，可以搭载微单相机或单反相机。

Walkera QR X800 BNF专业遥控无人机不仅名字长，而且对应其不菲的价格也有一长串功能。它可以搭载多种型号的运动相机，但更令人惊奇的是它可以携带微单相机以及小型的单反相机。这款无人机全部采用超高强度轻质3k碳纤维制造，具有可伸缩的起落架、超长飞行时间、自动飞行以及航路点飞行模式。这是一款理想的、可搭载单反相机的入门级无人机。

AirDog是一款精心设计与制造的可进行跟随拍摄的无人机，它可以完全自动地进行从起飞到着陆的整个飞行。它的螺旋桨可以折叠，具有极好的便携性；它还具有跟踪装置，非常易于控制；同时还带有针对GoPro运动相机进行了优化设计的三轴云台。飞行模式包括多种针对极限运动的特制方式，如固定跟踪、路径跟踪、盘旋与锁定、直线跟踪及自适应跟踪。AirDog是一款针对极限运动、

Walkera QR X800

具有跟随拍摄功能的绝佳无人机。

专业配置

如果你要进行专业的航拍摄影，那就考虑能够携带多种型号单反相机、同时仍是一款基本上算是"到手飞"型的无人机。这种无人机是针对摄影师而设计的，具有极佳的拍摄品质，同时在组装方面也不是特别麻烦。

大疆Spreading Wings"筋斗云"S900专业级六轴飞行器就是这样的一款用于专业航拍摄影的无人机。它有6个可折叠、可锁定位置的碳纤维臂杆，可在5分钟内做好飞行准备，并可向后折叠起来以便于携带。该无人机专门针对微单相机而设计，可搭载松下GH4及Blackmagic袖珍相机，具有短路安全保护电源系统以及可更换多种相机的云台卡口。大疆Zenmuse"禅思"相机云台凭借其在多种恶劣情况下仍具有良好的稳定性，可拍摄出平稳的画面。大疆S900是进行专业航拍的不二之选。

左图： AirDog无人机可折叠，便于携带，可轻松放置到旅行背包中。

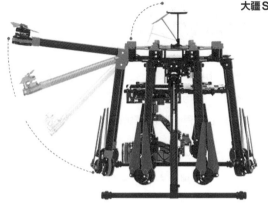

大疆Spreading Wings "筋斗云" S1000+无人机

大疆Spreading Wings "筋斗云" S1000+八旋翼无人机比S900具有更多的功能，对应其性能参数，价格也稍微要高一些。

你可以用这款无人机搭载单反相机，如佳能5D Mark III。由于先进的八旋翼动力系统，这款无人机的飞行相当平稳，即使是在不好的飞行条件下也能够保证你昂贵的拍摄器材的安全。这款无人机有多项优异的特性，因此是专业电视级影像拍摄的绝佳之选。

1080像素、2.7K与4K

1080像素视频画面仍是目前工业界的标准，但4K代表了未来的发展方向。虽然在4K电视机里还没有太多的影视作品可供播放，但高分辨率会给你在视频剪辑过程中更多的灵活性，在后期制作过程中不会损失画面质量，或者可创造出平滑的平移、倾斜及放大、缩小等效果。

特别是针对无人机航拍视频，如果以高分辨率进行拍摄，就可以有更多的像素用来对画面进行稳定并达到相当高的程度。用于进行画面稳定的软件可将所有画面边缘处的晃动消除，而且更高的分辨率可以提供更大的画面空间。

不要因为想看4K的视频就一时冲动去购买4K相机，但你要明白用4K相机进行拍摄时，在后期制作中能够提升标准高清视频的质量。

你需要一台性能强大的工作站用于视频剪辑，以便能够处理全4K的视频素材，它的数据量是普通高清视频的4倍，是2.7K视频的1.5倍。

用于无人机的运动相机

运动相机市场已经完全被GoPro相机所占据。市面上也有一些其他品牌的运动相机，例如索尼FDR-X1000V 4K相机的性能也不错，但与之相匹配的云台却很难找到。这就限制了你在运动相机方面的选择余地，但市面上也有一些山寨版的GoPro产品。

无人机带动了运动相机的发展，运动相机向着重量轻、画面质量好、分辨率高的方向发展。现在4K几乎已经成为了标准，但你还需要了解一些其他的性能参数。

重量

如果你的相机太重，无人机可能就飞不起来，或者是勉强飞起来，但过多的重量会很快消耗掉无人机电池的电量，缩短飞行时间。所以，要了解你的无人机的最大载重量，并确保你打算选用的相机没有超出这一指标。这个重量还要包括附带的相机电池的重量。

安装

理想的安装方式是将运动相机安装在三轴云台上，这样能够减小飞行过程中的晃动，稳定画面，并可对相机独立于无人机的飞行方向进行调节。

价格

无人机和相机的价格档次要相匹配，不要门不当户不对，例如不要把一台非常昂贵的相机安装在一架玩具级的无人机上。

GoPro Hero4 Silver ★★★★★

性能最好的运动相机

视频分辨率： 4K，15帧/秒；2.7K，30帧/秒；1080像素，60帧/秒；720像素，120帧/秒。

图片分辨率： 1200万像素。

存储容量： 最大可用64GB MicroSD存储卡。

功能： Wi-Fi、自动弱光模式、夜景模式、连拍模式、延时拍摄模式以及手动模式等。

电池电量： 45分钟。

防水： 配备特制外壳，防水性能可达40米。

就高画质与高性价比而言，在航拍方面没有比GoPro相机更优越的了，由于其应用非常广泛，因此可选择的云台也非常多，性能从低到高都有。无论你选择哪一款无人机，都能找到与GoPro相匹配的云台。相机的制造品质也是非常好的，所以选择这款相机不会有错。但其最大的缺点是"GoPro画面"，这是由于其使用的是鱼眼镜头，但如果你用4K进行拍摄，可以在后期处理时用软件消除畸变，但会稍微损失一点儿画面质量。

优点： 4K分辨率，可选用的云台多，质量好，具有液晶触摸屏。

缺点： 电池寿命不是很理想，存在镜头畸变，价格高。

GoPro Hero4 Silver

"小蚁"运动相机 ★★★
不错的入门之选

视频分辨率: 1080 像素,60 帧/秒; 720 像素,120 帧/秒; 480 像素,240 帧/秒。

图片分辨率: 1600 万像素。

存储容量: 最大可使用 64GB MicroSD 存储卡。

功能: Wi-Fi。

电池电量: 2 小时。

防水: 配备特制外壳,防水性能可达 60 米。

"小蚁"运动相机是由中国公司推出的一款廉价但性能还不错的运动相机。你不能用它拍摄 4K 视频,但可以每秒 60 帧的帧频拍摄 1080 像素的视频,这样在后期制作中可以进行慢动作播放。这款相机几乎能够与所有的 GoPro 相机支架相匹配,所以这是一款成本较低、可供选择的相机。大疆 Zenmuse "禅

思"云台需要进行一点儿改造,以便能够与"小蚁"相机稍大一点儿的外壳相匹配。它采用 MicroSD 卡进行拍摄存储,最大支持 64GB。

上图: 采用"小蚁"运动相机以 RAW 格式从空中拍摄的古巴哈瓦那。

优点: 价格低,兼容多数 GoPro 接口设备,画面质量好。

缺点: 镜头可能需要对焦,没有 4K 分辨率的拍摄能力。

左图: 由非常便宜的"小蚁"三轴无刷电动机驱动的云台,可与大多数四轴飞行器匹配工作。

上图： SJ5000相机从空中拍摄的画面，可以看出稍微有一点儿鱼眼畸变的效果。

SJCAM "山狗" SJ5000 Plus 高清运动相机 ★★★★

中等品质的运动相机

视频分辨率： 1080像素，60/30帧/秒；720像素，120/60/30帧/秒；480像素，240/120/60/30帧/秒。

图片分辨率： 1600万像素。

存储容量： 最大可使用32GB MicroSD存储卡。

功能： Wi-Fi。

电池电量： 90分钟。

防水： 配备特制外壳，防水性能可达30米。

SJ5000是一款比"小蚁"稍微贵一点儿的运动相机。通过液晶显示屏，你可以直接观看拍摄到的视频画面，这一功能是不能被低估的。在市面上能够找到这款相机的多种接口及附件，包括防水外壳及无人机云台。它可直接将视频存储到MicroSD卡上，最大支持32GB，可通过USB接口下载视频或对内置电池进行充电。你还可以通过HDMI视频线直接与电视机连接，在大屏幕上播放拍摄的视频。

优点： 价格低，附件和云台的选择范围广，图像质量好。

缺点： 最大只支持32GB的存储卡，有时候存在运动模糊。

用于无人机的微单相机

微单相机在航拍摄影方面发挥着极其重要的作用。微单相机可以提供与全画幅的单反相机相近的图像质量和景深，而重量可以减轻一半，价格也低很多，图像质量比运动相机要好很多。

运动相机常常因超广角畸变引起"GoPro画面感"而被诟病，老实说这显得很落伍。所以，如果你很看重航拍画面的质量，不妨考虑一下可搭载微单相机的无人机。

松下Lumix GH4微单相机 ★★★★★
专业的全才

传感器尺寸：微型4/3型传感器。

视频分辨率：4K，24/25/30帧/秒；2.7K，30/25/24帧/秒；1920×1080像素，60/60/30/24帧/秒；1280×720像素，60/30帧/秒；640×480像素，30帧/秒；1920×1080像素，96帧/秒。

图片分辨率：1610万像素。

最大连拍：每秒14帧。

取景器：EVF电子取景器。

显示屏：3英寸可旋转显示屏，103.6万像素。

存储：可使用32GB、64GB和128GB的SD存储卡。

特色：多功能镜头卡口可安装多款相机镜头，4K画质。

电池电量：至少2小时。

顶级特色：做工精致，20万次快门寿命，4K视频拍摄。

右上图：搭载在大疆Springding Wings"筋斗云"S900无人机上进行飞行的松下Lumix GH4微单相机。

如同大疆在无人机市场上的领导地位，松下GH4也是无人机用微单相机中的王者。以其紧凑的结构、较轻的重量、可以适配多种镜头拍摄4K视频的能力，这款微单相机已经成为专业级视频制作者的首选。在无人机市场上，很多厂商都在无人机和云台的设计中考虑到了要与GH4微单相机兼容。这款相机还具有惊人的连拍功能，可以每秒14帧的速度拍摄1610万像素的照片。另外，还可以通过4K视频截取800万像素的静止画面。

奥林巴斯OM-D E-M10 II ★★★★
最佳的内置防抖系统的微单相机

传感器尺寸： 微型4/3型传感器。

视频分辨率： 1080像素，60/30/24帧/秒。

图片分辨率： 1610万像素。

最大连拍能力： 每秒8.5帧。

取景器： EVF电子取景器。

显示屏： 3英寸可旋转显示屏，103.8万像素。

存储： 可使用32GB、64GB和128GB的SD存储卡。

特色： 具有微单市场上最好的内置防抖系统，可适配多种镜头，防水、防尘。

电池电量： 至少2小时。

顶级特色： 小巧紧凑，重量轻，做工精致，具有五轴防抖系统。

奥林巴斯公司开发的OM-D E-M10II微单相机具有非常有效的五轴防抖系统以及引人瞩目的每秒8.5帧的高速连拍能力，可拍摄1080像素高清视频，并具有非常小的镜头，是一款紧凑小巧、重量轻而功能非常强大的相机。

GH4相机的无人机版

无人机制造厂商昊翔已经联合松下公司开发了一款针对无人机进行优化改进的GH4微单相机。这款相机称为CG04，其特色是配备了松下GH4微单相机传感器和3倍光学变焦镜头，可拍摄1600万像素的照片以及4K分辨率的视频。CG04微单相机可与昊翔Tornado H920型无人机完美搭配，同时你也可用这款相机单独进行视频录制和照片拍摄。

Blackmagic口袋型电影相机

★★★★

最大的动态范围

传感器尺寸： 主动微单4/3传感器，Super 16画幅。

视频分辨率： 全高清1920×1080像素，无损CinemaDNG RAW格式，23.98/24/25/29.97/30帧/秒。

图片分辨率： 800万像素。

最大连拍： 每秒14帧。

取景器： 无。

显示屏： 3.5英寸液晶显示屏。

储存： 可使用32GB、64GB和128GB的SD卡。

特色： 13-stop（动态范围）。

电池电量： 50分钟连续拍摄。

顶级特色： 高动态范围电影级相机，携带方便。

上图： Blackmagic口袋型电影相机搭载在大疆 Spreading Wings"筋斗云"1000型无人机上。

这款Super 16相机非常小巧，方便携带，是目前可搭载在无人机上的最小的微单相机。13-stop动态范围可以拍摄出电影级的图像，并可以CinemaDNG RAW和Apple ProRes无损格式进行记录，可灵活地更换多款微单镜头。这款相机可在恶劣气候条件下及偏远地区拍摄出电影级的视频，是进行纪录片拍摄、独立电影制作、新闻及战地报道的最佳选择。

索尼a7R 2 ★★★★★

4K电视级画面品质的视频

传感器： 4200万像素全画幅BSI CMOS传感器。

视频格式： 无损4K。

图片格式： 2400万像素。

最大连拍： 每秒8.5帧。

取景框： EVF电子取景框。

显示屏： 3英寸可旋转液晶显示屏，122.8万像素。

存储： 可使用32GB、64GB和128GB的SD存储卡。

特色： 五轴防抖稳定拍摄系统，全画幅传感器，4K视频。

电池电量： 至少2小时。

顶级特色： 紧凑小巧，重量轻，做工精致，五轴防抖。

索尼a7R II是目前市面上最好的微单相机。它采用的不是微型4/3尺寸的传感器，而是采用了35毫米BSI CMOS传感器，这款无反光镜的DSLR成像系统被巧妙地伪装成为微单相机。由于其具有出色的拍摄效果和丰富的功能，因此常常被用作电影级视频拍摄设备。外壳采用可应对多种气候条件的密封镁铝合金材质，Super-35 4K有助于提高画质，并具有难以置信的浅景深和弱光拍摄能力。

大疆Zenmuse "禅思" 云台相机

Zenmuse "禅思" X5和X5R都具有1600万像素的传感器，可以30帧/秒拍摄4K视频，特别是X5R更可以将拍摄的4K无损视频存储到云台插槽中的512GB固态硬盘内。

这两款相机的大传感器可以捕捉13-stop高动态画面，具有从100到25600的高感光值，具有与Blackmagic电影相机相同的性能。

Zenmuse "禅思" 相机搭配大疆自己的微单15毫米、F/1.7光圈的镜头，还可以兼容其他3款微单镜头，分别是奥林巴斯M. Zuiko ED Digital 12毫米、F/2.0、松下15毫米 G Leica DG Summilux F/1.7以及奥林巴斯17毫米 F/1.8（全画幅相当于34毫米）镜头。

如果你想要一台最好的用于无人机的微单相机套装，那么没有比这款更好的了。

第4章 **起飞前的准备**

现在你可能已经迫不及待地想让你的无人机起飞了，但还有一些小问题需要处理，并且还要弄清楚在起飞之前要做哪些准备。本章主要讲述在起飞之前需要注意的事项。

本章将讨论以下问题。

- 开箱。
- 设置无人机以及如何充电。
- 飞行前检查。
- 校准无人机。
- 法律与法规。

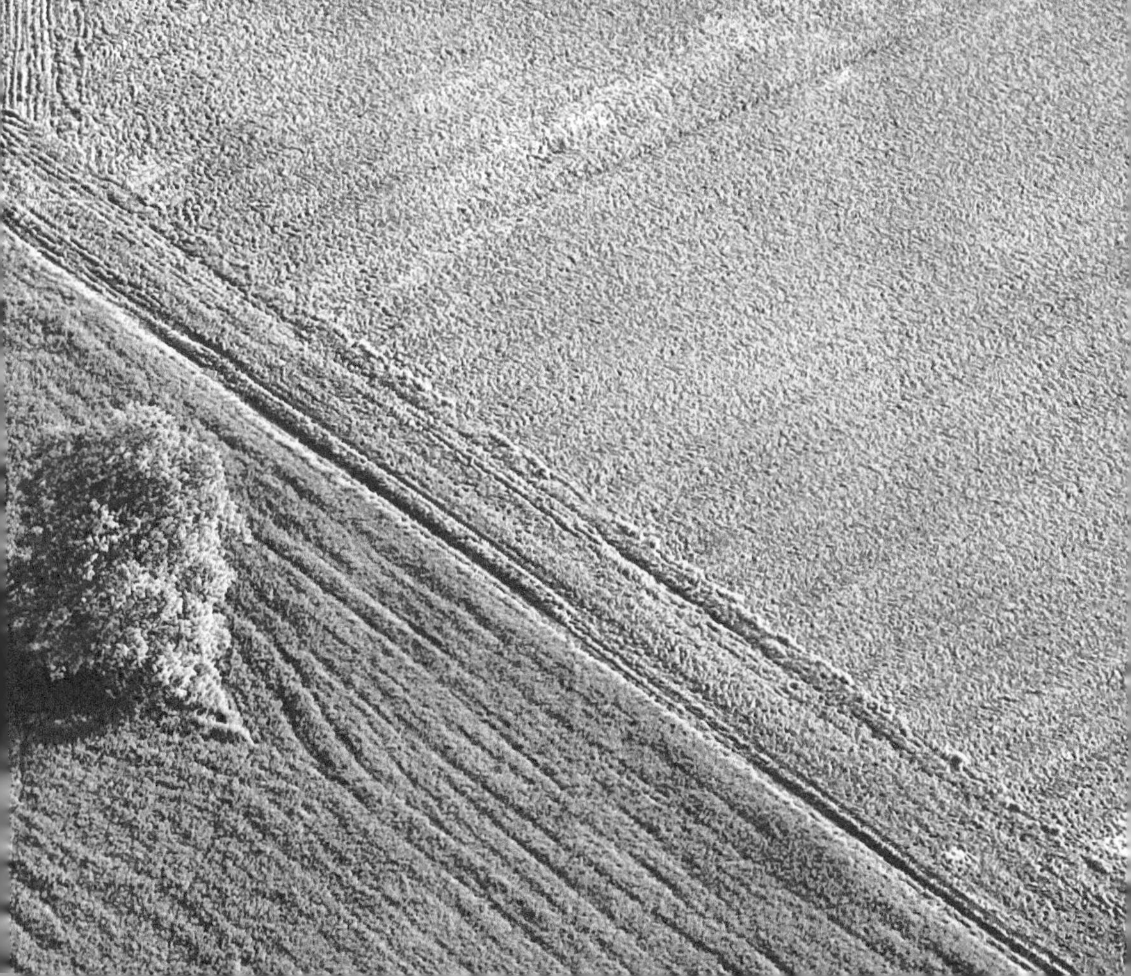

开箱

在将一个全新的无人机包装盒放在汽车里，准备开到附近的某个地方进行试飞前，请不要着急，深吸一口气，再花些时间了解一下如何正确地打开无人机的包装盒。

多数"到手飞"型无人机在你打开的包装盒里都包含有下面所述的大部分或者所有的部件，如果你不是很确定，可以对照附带的指导手册。

指导手册：务必仔细阅读指导手册！你的崭新玩具、你的家人和你的手指都会感谢你所做的这一步。手册中通常会有部件列表，你可以逐一检查核对。手册中还会有关于如何正确使用螺旋桨、电池等注意事项，这些都要特别注意！

机身：大多数"到手飞"型无人机的机身都是由上下两个塑料外壳扣在一起组成的，里面安装有控制飞行器飞行的所有电子元器件。也有的中间为主机身，其他模块（如旋翼的臂杆）与它相连接。

螺旋桨：通常螺旋桨是由塑料或者碳纤维制成的，重量非常轻，但这种刚度非常大的桨叶通常不安装在无人机上，这是为了避免在运输过程中损坏。大多数无人机通常都还有一套备用的螺旋桨。

电动机：各自独立运转的电动机在出厂前都专门针对该型无人机进行了校准，然后安装在旋翼臂杆上。稍有一点点技术方面的知识，就可以在它们受损的情况下非常容易地进行更换。

无刷电动机

上图：这款来自3DR公司的无人机套件，包含有你自己组装一架四轴飞行器所需的全部部件。

遥控器：几乎所有的"到手飞"型无人机都附带一个专用发射机。有的厂商将控制摇杆和发射机合而为一，这样就不需要在智能设备上安装APP；但尽管如此，发射机通常可以采用两种主要的控制方式。一体化的设备通常带有一个可调的前向安装的卡口，可以连接你的智能手机或平板电脑，这样就可以将其当作控制显示屏来使用。

电池与充电器：你购买的无人机通常自带有一块或多块锂离子电池以及充电器。它们通常是单独包装的，需要特别仔细地处理。电池如果过充，里面的化学物质则会发生膨胀，所以充电器应当具有在充满的情况下自动关闭的功能，以及存储模式与放电模式。如果你买了一块替代的或者备用的电池，则需要确定它们是否与你的无人机兼容。在无人机厂商的网站上通常能够查到与你的无人

机型号相兼容的电池列表。

云台（如果不是集成的）：如果你的无人机不是完全的"到手飞"型，那么云台可能不包含在里面。

MicroSD存储卡：大多数"到手飞"型无人机都带有一个MicroSD存储卡，其存储容量至少为16GB，但如果你以4K的视频格式进行拍摄，只能存储大约15分钟的视频。因此，再购买一个32GB或64GB的MicroSD存储卡是非常有必要的。

MicroSD存储卡

设置

虽然大多数"到手飞"型无人机都被宣传为一拿到手就能
飞，但事实上在飞行之前还需要做一些准备工作，比如为
电池充好电，安装上螺旋桨或者对罗盘进行校准。

分离式起落架

无论你购买的是哪一款无人机，它都会
附带有一份组装指导手册。请务必仔
细按照手册来做准备。通常你需要安装上螺
旋桨、电池，也可能还要安装上云台、相机
以及起落架。

螺旋桨

螺旋桨上通常标识有旋转方向以及哪一
面向上。每一个厂商可能都会有自己的一套
规则，所以请仔细阅读指导手册。

起落架

起落架通常是机身的一部分，也可能是
分离式的，所以在安装之前，请仔细阅读指
导手册。起落架既起到保护相机的作用，在
降落时也可保护无人机自身。

电池

电池在装上去之前要先充好电。要仔细
阅读指导手册上关于如何给电池充电的内容，
如果持续充电，锂离子电池中的化学物质就
会更加易燃，因此在运输过程中，通常电量

小于50%。

前最新的版本，它会提示你进行升级。

软件升级

无人机软件的更新是非常频繁的。在你的无人机运过来的这段时间里，可能厂商恰好对软件进行了更新，所以在收到无人机后，要及时在厂商的网站上查看最新的软件版本，在电脑上下载并进行安装。

当你安装完成且电池也充满了电之后，就可以用mini-USB连接线将无人机和遥控器与电脑进行连接。这可以同时进行，不过也要看你电脑的USB插口的数量。如果软件更新检查工具检测到你的无人机和遥控器软件不是当

相机

如果你购买的不是内置相机的无人机，那么可以在众多的相机中进行选择。每一个附加的相机都是不同的，你需要在安装之前熟悉如何正确地使用它们。

云台

你的无人机可能附带有一套减震部件，所以在安装相机前应仔细地阅读指导手册。先在地面用遥控器练习如何操控云台，以便在无人机飞到天上后你知道该怎么操作。

三轴云台

关于电池充电

在第一次对电池进行充电时，要仔细参照指导手册的要求去做。

- 检查充电器是否与你所在国家的电压相符合。
- 明确知道充电器指示灯的含义，以便知道什么时候电池充满了或者在充电过程中存在什么问题。
- 如果电池带有电源线，千万不要让它们相互接触，以免引起短路。
- 如果你感觉有什么不对，要立刻将充电器拔下来。

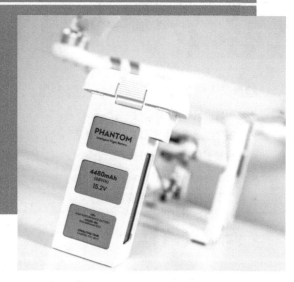

左图： 大疆 Phantom "精灵" 系列无人机的螺旋桨具有自锁紧功能，非常容易拆卸和更换。

飞行前的检查

每一款无人机都有一系列飞行前的检查事项，但无论你用的是哪一款无人机，有一些步骤在飞行前检查项目中都是一样的。这些检查工作有助于确保你的无人机和拍摄设备的安全。

除了对无人机进行交叉检查，你还需要了解无人机飞行的地点位置，以便你不至于把无人机弄丢了，或者愚蠢地触犯了当地的法律。

检查无人机

- 无人机之前是否受过损伤？
- 电池是否充好了电？
- 你是否准备了备用电池？
- 是否将你的智能手机或平板电脑充满了电？
- 你的相机电池是否充满了电（对于非内置相机的情况）？
- 你的SD卡是否是空的且已做好了格式化？

上图/下图： 确定无人机的螺旋桨是否已经正确地锁紧，所使用的电池最近已经充好了电。

检查无人机飞行地点

- 这里是否远离人群和居民点？
- 这里是否远离电线、建筑物和树木？
- 是否属于禁飞区或者在机场附近？
- 附近是否有政府机构的建筑物？
- 附近是否有繁忙的道路或者铁路？
- 你是否已经将手机充满电？
- 你是否准备了一个急救包？

上图： 没有树木的开阔区域，远离人员、动物及城市居民区，这样的地点是无人机飞行的理想场地。

飞行前的检查

- 将无人机放置在水平起飞位置。
- 打开相机。
- 检查发射机的控制杆是否良好。
- 将发射机控制杆放置到中立位置。
- 将油门杆放置到中立位置。
- 打开发射机。
- 连接无人机电池。
- 打开无人机电源。
- 确保周围的行人、儿童和动物的安全。
- 启动飞行计时器。
- 站立起来。
- 双手拿好飞行遥控器。
- 慢慢加大油门。
- 如果一切正常，此时无人机会飞起来并可以悬停。
- 检查电动机和螺旋桨的稳定性。
- 如果一切正常，就可以开始飞行了。

*注：如果附近有马匹或者骑车人，就不要启动无人机。马匹有可能会受到无人机噪声的惊吓，影响你和周围人的安全。要等到他们都已经走远了，保持一定的安全距离后再启动无人机。

校准罗盘

正确地校准无人机的罗盘是非常重要的。在每次飞行时都要进行这一步操作，特别是当你要在一个新的地点进行飞行时。这将有助于确保无人机的安全。

1. 远离金属构件、大的建筑物和手机信号发射塔，这些都可能会对校准产生干扰。

2. 打开遥控器。

3. 打开无人机电源。

4. 在遥控器上，将罗盘切换到"校准"选项。各个品牌的无人机遥控器可能稍微有些不同。遥控器和无人机上将亮起黄灯，

有些品牌可能会用别的颜色。

上图： 将无人机放在这样的一个倒扣着的塑料箱子上进行飞行前的检查是一个很好的办法。

上图： 在打开发射机电源与连接无人机电池之前，要将两个操作杆放置在中立位置。

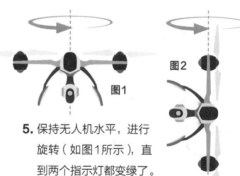

图1 图2

5. 保持无人机水平，进行旋转（如图1所示），直到两个指示灯都变绿了。

6. 将无人机转至与地面垂直。再次旋转无人机，直到两个指示灯再次变绿（如图2所示）。

7. 如果指示灯以红色进行闪烁，则说明有问题。在这种情况下，重复前面3个步骤，直到指示灯变绿为止。

有关规定、条例与法律

进行无人机飞行，你需要了解一些相关的法律和法规。如果你触犯了法律，即使是无意的行为，你也可能会受到处罚，甚至被关入监狱。在不恰当的地方进行无人机飞行，不仅仅会危害低空空中交通，而且会给人们带来一定的风险，还有可能触犯侵犯个人隐私的相关法律。

如果你的无人机重量为0~150千克，当它起飞时就要处于当地航空管理部门的监管之下。在欧洲，管理部门是欧洲航空安全管理局（EASA），在英国是民用航空管理局（CAA），在美国则是联邦航空管理局（FAA）。

不同国家的相关管理规定稍微有些不同，但下面的几条规则都是通用的。请仔细阅读，并严格遵守。

你对自己的飞行负有责任

你对每一次飞行以及由此造成的任何后果负有法律责任，任何不遵守法律的行为都将要受到起诉。

私人飞行还是商业飞行？

如果你想进行职业航拍，也就是说要靠它来赚钱，你就必须在航空管理部门注册登记。但即使是爱好者，也要遵守下列规定。

高度保持在120米以内

除非你是超人，否则你不大可能看清楚120米以外的无人机。如果飞得更高（155米），则有可能侵犯民用航空空域。要知道民用航空飞行的最低高度是155米。

保持在500米的视线范围内

对于专业的无人机操作手，允许的最大距离是500米，再远你就无法看见无人机了。你必须时刻保持无人机在你的视线范围内。如果你想超出视线范围进行FPV飞行，首先需要从管理部门获得许可，除非你是在无人居住的地区进行飞行。

50米的规定

当你的无人机起飞后，你必须将无人机保持在离人群、车辆、建筑物、大型结构及受保护的纪念碑50米的距离之外。你的无人机不可以在距离任何建筑物、车辆或人员50米的范围内进行飞行。你的无人机不可以靠近政府建筑物和历史遗产所在地。

150米的规定

你不可以在距离人员密集区域150米的范围内进行飞行，例如村庄、小镇或者城市。你不可以直接飞越人员密集区，以及人群或者道路。你也不可以在距离人群150米的范围内进行飞行，例如音乐节和体育活动等。

不要在夜间飞行

没有管理部门的特殊许可，你不可以在城市或者人员密集的地区进行夜间飞行。

禁飞区

不要靠近飞机、直升机、机场和跑道飞行无人机，必须保持至少5千米远的距离。危害飞行中的飞行器的安全是一种严重的犯罪行为。

不要在敏感区域飞行，例如电站、水处理站、看守所、主干道以及政府机构；特别不要去军事禁区飞行无人机。

有关个人隐私的法律

你要意识到你拍到的任何图片都可能会侵犯个人隐私。具体法律在各个国家有所不同。

国家公园和野生动物保护区

截至2015年，美国所有的国家公园，非洲大多数的野生动物保护区，以及欧洲的国家信托管理地区、自然保护区和历史遗产所在地都禁止无人机飞行。这是考虑到无人机在这些受保护的地区有可能会产生一定的危害。

上图：一只受过训练的秃鹰捕捉住了一架飞行中的无人机。

反无人机系统

反无人机系统正在全球各国快速地发展，以应对无人机对国家及公共安全可能带来的威胁。

荷兰警方已经与一家猛禽训练公司合作训练秃鹰去捕捉无人机。他们还开发了一款可以射出捕捉网的无人机，可将有威胁的无人机捕获。

在美国，用无线电干扰无人机的试验已获成功；在英国，机场正在考虑安装一种称为"天壁"的系统，它包括一种装有捕捉网的胶囊，可射向无人机。当到达飞行器上方时，胶囊会打开释放出捕捉网，从而将无人机捕获。

确保安全

要记住，如果你不小心，无人机就可能造成灾难。

风险
- 人不在时充电有可能会引发火灾。
- 无人机如果失去控制，有可能会造成交通事故。
- 螺旋桨可能会割破你的手指。
- 你可能会造成一架飞机坠毁。
- 你的无人机从天上掉下来时就好似一块石头从天而降，会造成非常严重的伤害。

安全措施
- 正确地对电池进行充电。不要过充，充电时人一定要在附近。
- 在进行自动飞行之前，先学习如何手动操作无人机进行飞行。
- 加入当地的飞行俱乐部，学习新的飞行技巧并遵守相关法律。
- 与行人、建筑物、人群和主干道保持一定的距离。
- 不要在大风、能见度低的恶劣天气条件下飞行。
- 不要在酒后飞行。
- 了解你所在国家的相关法律法规。

第5章 学习飞行

这是感受飞行快乐的开始。如果你是跳着翻阅本书到这一章，请回过头去，至少阅读前面几页关于法律法规以及如何确保安全的内容。看完那部分后再回到这里。

本章将讨论以下几个方面的内容。

- 新的术语及定义。
- 如何操控无人机。
- 起飞与降落。
- 先进的GPS技术。
- 视觉定位系统。

术语与定义

每一项活动都有一套自己的语言，包括定义与术语。在无人机飞行中，很多的定义与术语来自于民用航空以及以前的遥控航模。

在开始学习飞行之前，你最好把无人机的相关术语温习一遍。

基本术语

视线（LOS）：飞行中你能看到你的无人机。

第一人称视角（FPV）：与"视线"相反，你在液晶显示屏上看到的通过无人机上的相机所拍摄的画面。

遥控器操作杆

遥控器的操作杆通常有相同的出厂设置：左操作杆用于油门和偏航操作，右操作杆用于俯仰和滚转操作。你可以根据使用说明进行切换。

右操作杆

俯仰：将右操作杆向前或向后推动，无人机就会相应地进行俯仰姿态调整，即向前或向后倾斜。

滚转：将右操作杆向右或向左推动，无人机就会向右或向左倾斜。

左操作杆

油门：将左操作杆向前推动，油门加大，产生升力；向后推动，油门减小，可将无人机慢慢降下来。

偏航：将左操作杆向左或向右推动，无人机会相应地向左或向右旋转，这个操作可以控制无人机的飞行方向。

无人机的三轴运动

偏航：沿Y轴转动。

俯仰：沿X轴向前或向后偏转。

滚转：沿Z轴向左或向右倾斜。

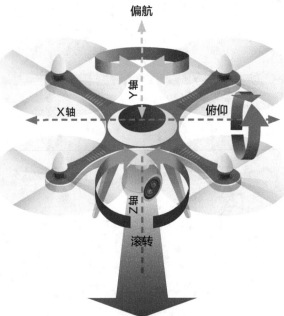

控制

配平：在室内等较为平静的环境下，如果操作杆处于中立位置时，无人机仍向一个方向偏斜，则在飞行之前需要进行配平，这一过程也称为校准（见本书第93页）。

方向舵：如果加入当地的一个飞行俱乐部，你可能会经常听到这个词。这个词来自于以前的遥控航模飞机时代，是对应于前面所述的左操作杆的偏航控制。

副翼：通过右操作杆控制无人机进行滚转运动（左或右）。

升降舵：通过右操作杆向前或向后控制无人机进行俯仰运动。

操纵

倾斜转弯：将无人机保持在向左或向右倾斜的状态，以一个半圆进行飞行。

悬停：保持无人机静止在空中某一位置。

飞行模式

手动：完全手动操作的模式。当无人机有任何滚转、俯仰与偏航方向的运动趋势时，你都可以通过手动操作来消除。如果你的手离开了操作杆，则无人机不能自动保持平衡。

上图：大疆Phantom"精灵"3无人机的飞行模式。

姿态控制与自动水平：一旦操作杆回到中立位置，无人机就自动保持水平状态。你仍可以进行手动操作飞行，但无人机会自动做一些运动补偿工作。如果你的手离开了操作杆，无人机会保持它头部所朝向的方向。

GPS保持：如果你的手离开了操作杆，无人机就会停止移动，保持在原先的位置。

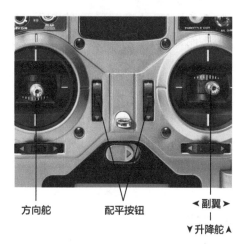

方向舵　　　配平按钮　　　◄副翼►
　　　　　　　　　　　　　▼升降舵▲

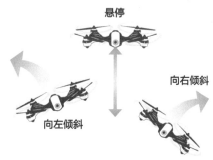

悬停

向右倾斜

向左倾斜

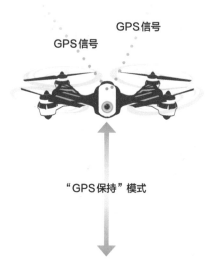

GPS信号

GPS信号

"GPS保持"模式

如何控制无人机

理解多旋翼在无人机上所起到的作用、多旋翼飞行器与固定翼飞机的区别以及如何用遥控器控制无人机的飞行，这是学习操作无人机的第一步。

每一步操作都有多种功能，这些功能又与其他操作的功能相互作用，它们叠加在一起就形成了无人机飞行的具体运动表现。你将控制杆推动得越多，无人机的反应就越强烈。当你开始练习时，动作要柔和一些，直到你对它有一定的感觉为止。

主操作杆

无人机的主操作杆控制滚转、俯仰、偏航和油门。

滚转：向左或向右推动滚转操作杆，使得你的无人机也向左或向右偏转。如果你推得多了，无人机就真的要滚转起来。

俯仰：要增加前进或后退的速度，你就需要将无人机向前或向后倾斜。

偏航：这个运动方式与固定翼飞机有些相似。无人机沿垂直于机身的纵轴按顺时针或逆时针旋转。将左操作杆向左或向右推动就可实现偏航操作。

油门：油门控制螺旋桨的加速度，而螺旋桨产生无人机所需的升力。螺旋桨旋转的速度越快，你所得到的升力就越大。推动左操作杆向前增加油门开度，向后则是减小。记住不要把油门一下子收到底，那样你会失去升力，无人机就会突然坠落地面。

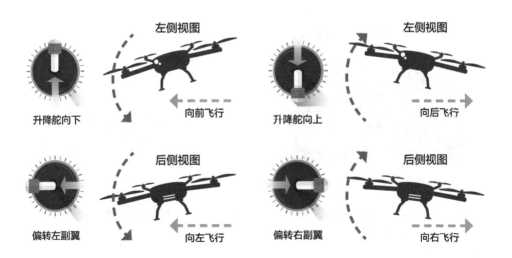

升降舵向下　　左侧视图　向前飞行　　　　升降舵向上　　左侧视图　向后飞行

偏转左副翼　　后侧视图　向左飞行　　　　偏转右副翼　　后侧视图　向右飞行

飞行模拟器

在你正式操作无人机之前，先检查一下这款无人机是否有飞行模拟器可供练习使用。大疆Phantom"精灵"3无人机配备有飞行模拟器P3，可在飞行遥控器上运行。你可以通过它用实际的遥控器进行无人机操作练习，这样可避免损坏无人机，同时也可确保自身的安全。

上图： 用类似于P3这样非常逼真的模拟器进行训练，能够获得很多飞行操作经验。这款模拟器甚至可以模拟出恶劣的天气条件。

自动飞行

全自动飞行技术的发展趋势令人惊叹，特别是大疆Phantom"精灵"4和已经公布的"精灵"5无人机。你可以简单地在触摸屏上点你想去的地方，无人机就会自动地飞到那里，而且会一路避开所有的障碍物。当你想让它回来或者电池电量偏低时，无人机就会自己飞回来，降落在你的脚边。

选择恰当的飞行地点

要认真选择飞行的地点，并且清楚地知道自己要做什么。

- 不要在密闭的空间里飞行。
- 找一块开阔地或者大一点儿的公园。草地能够减轻无人机坠落下来时的损坏程度。
- 远离人群和动物。
- 避免在大风天飞行，特别是要进行电影拍摄时。

下图： 每一个操作杆都有校准按钮，如果操作响应过于强烈，可通过该按钮做精细的调整。

天线

教练模式切换开关
频道5切换开关

油门和方向舵操作杆：偏航和油门
油门校准按钮
方向舵校准按钮

高/低频切换开关

升降舵和副翼操作杆：滚转和俯仰
升降舵校准按钮
副翼校准按钮
遥控器开关（On/Off）

起飞与降落

在起飞之前，你需要阅读本书第84页介绍的"有关规定、条例与法律"，特别要注意第82~83页上关于如何确保安全和进行飞行前检查的内容。

在飞行之前，一定要仔细阅读无人机的使用手册，遵循下面的步骤。

1. 准备好相机

将你的相机打开，设置为你想用的拍摄模式。别忘了摘掉镜头盖。如果你有云台，则摘掉云台的卡具（这个卡具在运输过程中对云台和相机起到保护作用）。如果你的相机是内置的，如大疆Phantom"精灵"4，你要做的就是将镜头盖摘掉，并在移动设备的APP上设置好拍摄模式。

2. 起飞地点

找一块没有灰尘和石子的平坦地面，确保这个地方足够宽阔，以便无人机能够重新降落回来。如果你使用一键返航功能，你的无人机会返回并降落在与起飞处相同的地方。将无人机放置在起飞区域的中间，面对着你。

3. 安装上电池

在为无人机安装上电池之前，确保将遥控器的油门杆拉回到零的位置。这样无人机上的电动机就不会在装上完全充满电的电池时突然启动。将油门杆放置在零的位置，就能避免你受到伤害。

下图：确定螺旋桨已经锁紧并保持平衡状态。

4. 校准惯导、陀螺仪和罗盘

在每一次新的飞行之前,都要校准一下罗盘。罗盘对电磁干扰是非常敏感的,受到干扰后会产生不正确的方向指示数据,并导致非常差的飞行性能,甚至会造成飞行失败。同样,对无人机内部的惯性测量元件和陀螺仪进行校准也是很重要的。

对于罗盘,一定要远离电磁干扰,例如电力线或者扩音器。在你的移动设备APP上,选择"罗盘",然后选择"校准"。

5. 设置返航GPS坐标

在校准罗盘的同时,飞行控制器也锁定了能够接收到信号的卫星,通常会自动设置好返航的GPS坐标。在有些无人机上,也可能是一个单独的GPS锁定功能。

6. 启动电动机

多数无人机都采用组合摇杆命令(CSC)的方式启动电动机。例如大疆Phantom"精灵"4无人机,可通过同时将左、右摇杆推到内下角或者外下角来启动电动机。一旦电动机开始旋转,就同时将摇杆放开。这时候无人机已做好了起飞准备。对于其他型号的无人机,这个过程可能稍微有所不同,一旦你的无人机做好了起飞准备,就不要再去触碰它。如果它被移动了,有可能会对它的电子系统产生干扰。此时无人机操作者应保持在3米以外的距离。

7. 起飞

将油门推杆慢慢地向上推动,无人机就会起飞,或者使用自动起飞功能。起飞以后,将无人机在较低的高度保持1分钟的悬停状态,检查它是否会发生漂移,飞行表现是否正常。如果发生了漂移,就将无人机收回来重新进行校准。再仔细地尝试向指定的方向移动,以确保无人机在你的完全控制之下。

8. 降落

降落时,将无人机悬停在一个水平位置,然后慢慢地将油门收小直到落地。很快你就会掌握如何操作无人机让它快速地做出响应或者做出较慢的动作。降落时,在距离地面30厘米的高度之前,不要一下子将油门收到底。

校准与配平

如果你的无人机没有按预想的方式飞行或者往一个方向偏斜,那么它就需要进行配平。有两个因素会造成漂移,其中一个是风,另一个就是未经过校准的陀螺仪。

内部测量元器件通过微型陀螺仪测量加速度、俯仰、滚转、偏航以及油门开度等。如果校准罗盘还没有解决问题,就需要对内部测量元件进行校准。通常在更新完固件或者运输之后都需要重新对内部测量元件进行校准。

无人机没法自动知道什么是水平位置,所以它需要进行设置或者重新设置,以消除累积的数据误差。校准过程就是告诉陀螺仪和加速度计无人机在哪个状态是水平的,在这个过程中不要移动无人机。

无人机要至少关闭10分钟,并放置在凉爽的地方,如空调房间内或者较凉爽的环境中。无人机应放置在平稳的地方,校准之前用一个水平仪检测电动机是否保持在水平状态。

先进的无人机GPS技术

无人机的航路点GPS导航技术已经比手持式GPS设备先进了很多。它可以让无人机在空中保持稳定，按照预先设定的高度和速度飞到规划好的各个航路点，再返回到起点位置。

操作航拍无人机按照基于GPS坐标的预先规划好的路径飞行，意味着你不必担心会有操作失误，这样你就可以将注意力放在拍摄上。在按航路点进行飞行的过程中，在任何时刻你都可以重新控制无人机，或者改变航线，或者命令它返航。

左图： 在APP的地图上绘制飞行线路，航路点会自动添加到地图上。

设置航路点

在APP中使用"地面站"功能，用户可拖动16个"图钉"到当前区域的地图上，每一个点就是无人机要飞行经过的一个GPS航路点。你还可以为每一个航路点设置高度以及无人机抵达这些航路点时的速度。

设置完成后，点击"go"按钮，这将重新设置无人机并开始执行该任务。现在你可以全身心地去控制云台，这对于航拍来说就是全部的工作。

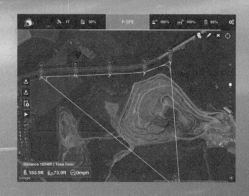

上图： 大疆 Phantom"精灵"4无人机具有较长的电池巡航时间和飞行距离，因此你可以绘制一条相当细致的飞行线路，而且仍然可以安全地让无人机返航。

下图： 当采用先进的GPS技术设置航路点时，你不仅可以设置这些位置的GPS坐标，还可以指定高度和速度。

自动起飞和降落

自动起飞

只有当你的无人机能够接收到足够多的卫星信号时，才可以使用自动起飞功能。在移动设备的APP上，如果满足这一条件，系统会给出提示。

1. 完成飞行前检查事项的所有检查步骤。
2. 一旦你的无人机能够锁定足够多的GPS信号，这就意味着它可以安全地飞行。在移动设备的显示屏上点击"自动起飞"，无人机就可以自行起飞了。
3. 根据APP的设计，起飞后无人机会悬停在距离地面大约3米的高度，等待你给出进一步的指令。
4. 如果是大疆Phantom"精灵"4无人机，当采用视觉定位取代GPS定位时，它机身上的指示灯会快速地闪动，系统会建议在使用自动起飞功能前等待无人机锁定足够多的GPS信号。

自动降落

同样，如果无人机能够锁定足够多的GPS信号，就可以使用自动降落功能。如果满足条件，APP上也会给出指示。大疆Phantom"精灵"4无人机上的指示灯显示为绿色闪烁状态。

1. 确保无人机处于GPS定位或者P模式。
2. 在开始降落前检查降落地点，然后根据APP的指示去做。

视觉定位系统（VPS）

目前没有GPS而想实现精确的悬停是不可能的，但有些公司现在已经为无人机添加了视觉定位系统。

法 国Parrot公司是第一个应用视觉定位系统的，但来自中国的大疆公司现在已经处于领先的位置，不仅将这一系统应用于其顶级的Inspire 1无人机上，还将扩展应用到Phantom "精灵"级别的无人机上。

受到蝙蝠在黑暗环境下能够自由飞行的启发，视觉定位系统也采用超声波传感器以及单目镜头读取地面的信息，以帮助无人机保持其位置。

大疆的视觉定位系统

中国大疆公司自主研发的视觉定位系统适用于在较大的室内空间进行空中拍摄。该系统将视觉数据和声呐波集成在一个单元内，探测地面和当前高度波形的变化。利用这些信息，无人机就可以在空中固定点悬停或者到处飞行。

所有的视觉和声波数据都通过一个专门的CPU芯片进行处理，其成熟度足够区分物体和地面。CPU处理的数据实时返回给飞行控制器，飞行控制器进而与整个无人机进行通信。

上图：大疆 Phantom "精灵" 4的避障系统。

下图：通过超声波发射器和传感器构建起无人机下方地面的地图。

上图/下图：大疆 Phantom "精灵" 4前后向的传感器形成了其视觉定位系统。

大疆视觉定位传感器

一句警告

视觉定位系统有一定的局限性，在一定限制范围内进行操作，它才能精确地发挥其功能。在任何情况下都要保持传感器是干净的，否则它就既"看"不清也"听"不清。

不要在动物附近用视觉定位系统进行飞行。视觉定位系统的传感器会发出高频声音，这种声音对一些动物（例如狗、蝙蝠、鸟和老鼠等）来说是可以听见的，而且对它们来说是非常大的声音，会对它们产生困扰，甚至使其受到惊吓。

视觉定位系统的局限性

视觉定位系统采用声波和视觉信息建立起无人机下方地面的"图像"。如果视觉图像和声波数据都不足，那就要谨慎使用视觉定位系统，因为它主要在室内使用，如果地面难以探测，就很难应用视觉定位系统。

在下列情况下仍要谨慎使用视觉定位系统。

- 在单色调（如纯黑色、白色或者其他单一颜色）的表面上空飞行。
- 在高反射率或者透明表面（如玻璃、水面、镀铬面等）上空飞行。
- 在移动的表面或物体上空飞行。
- 在光线变化频繁或者剧烈的地方飞行。
- 在非常黑暗（小于10勒克斯）或者特别明亮（大于100000勒克斯）的地方飞行。
- 在简单图案或者重复图案（如规则排列的瓦片）上空飞行。
- 在倾斜的表面上空飞行时，反射的声波无法被无人机接收到。
- 在吸收声波的表面上空飞行。

重要的一点：

不要用视觉定位系统进行高速飞行！

右图： 通过读取下方地面和前方的数据，大疆Phantom"精灵"4无人机可以采用视觉定位系统而不借助GPS信号进行飞行。

第6章 准备拍摄

在空中拍摄是很难进行操控的，所以事先做好计划会对你的拍摄有所帮助。首先要清楚你希望得到什么样的拍摄效果以及拍摄的目的是什么。如果仅仅是为了娱乐，那么大可以随便去拍。如果是专业目的的拍摄，那么你就应当认真准备好拍摄的每一个细节，尽可能地将拍摄过程置于你的掌控之下。

本章将讨论以下问题。

- 针对拍摄地点、天气和拍摄设备要做哪些准备工作。
- 如何包装好无人机。
- 如何包装好拍摄设备。
- 拍摄清单。
- 必备的工具箱。
- 航拍的最佳相机设置参数。
- 曝光、IOS值以及白平衡。
- 分辨率、帧数以及画面的长宽比。

器材准备清单与准备工作

如同我们生活中的很多事情，做好准备工作是很关键的。无论你打算拍摄什么，都要提前充分地做好功课。这将能够减小每天工作的压力，特别是如果能准备好拍摄任务清单，那就更好了。

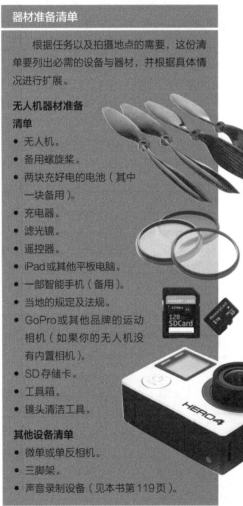

器材准备清单

根据任务以及拍摄地点的需要，这份清单要列出必需的设备与器材，并根据具体情况进行扩展。

无人机器材准备清单

- 无人机。
- 备用螺旋桨。
- 两块充好电的电池（其中一块备用）。
- 充电器。
- 滤光镜。
- 遥控器。
- iPad或其他平板电脑。
- 一部智能手机（备用）。
- 当地的规定及法规。
- GoPro或其他品牌的运动相机（如果你的无人机没有内置相机）。
- SD存储卡。
- 工具箱。
- 镜头清洁工具。

其他设备清单

- 微单或单反相机。
- 三脚架。
- 声音录制设备（见本书第119页）。

如果你打算将航拍素材和你或者别人已经拍摄的素材剪辑成一部叙事性的影片，那么就需要确保光线、天气和时间与已经拍摄的素材能够相对应。

地点

在拍摄之前，先考察一下拍摄地点，在那里走一走，找找感觉。在与拍摄计划中相同的时间段去拍摄地点看一看，找一下最合适的拍摄条件。测试一下你的无人机，看看能否锁定GPS信号。在一个新的地方进行拍摄前，要对罗盘进行校准，另外还要将相机的参数设置好并做下测试拍摄。关于拍摄地点的飞行前检查项目，请参见本书第82页内容，那里有更详细的介绍。

时机和天气

如果你拍摄的不是一部叙事性影片的一部分，或者你需要在某个位置决定拍摄一天中的某个时段，那就提早做好准备。风和天气情况通常在早晨会比较好，早晨光线也比较充足。夜晚的光线也是很迷人的，但如果你要等到天黑去拍摄，那就会耗费不少的时间。

拍摄清单的重要性

每一部电影或者摄影作品的创作都需要做好详细的计划。可能会发生什么？如何去捕捉？例如，拍摄滑雪比赛的场面时，你需

要知道滑雪比赛在哪里举行、具体的位置如何以及哪些人参加，明确你打算拍摄哪一位参赛选手。一定要把你想要拍摄的场景都列在清单里。

如果后期你需要将拍摄的视频素材剪辑在一起，很重要的一点就是所拍摄的素材要能够相互匹配，应当有一些慢镜头、近景、远景、快速移动的画面等。这是形成一种场景感的方法，由此你的观众才能对所拍摄的环境有所认识。相反，如果拍摄的素材不能相互匹配，则后期很难进行剪辑。

镜头清洁工具箱

镜头清洁工具箱应当包括以下内容。
- 一个软毛镜头清洁刷。
- 镜头清洁液。
- 一块镜头清洁布。
  镜头清洁方法如下。
1. 用刷子仔细清除掉镜头上的灰尘。
2. 滴少许的清洁液在清洁布上。
3. 按照螺旋方式，轻轻地从中心向外清洁镜头。

工具箱

使用一个密封性好的防水塑料箱子作为工具箱。
- 六角扳手（米制的）。
- 微型螺丝刀套装。
- 螺丝刀（一字的和十字的）。
- 剪刀。
- 绝缘胶带。
- 双面胶带。
- 电压表（或万用表，用于检测电池）。
- 锂离子电池检测器。
- 胶水套装（泡沫胶、强力胶、瞬间胶）。
- 凝胶体。
- 电工专用剪。
- 剥线钳。
- 束线带。
- 12V 点烟器充电转换器。
- 锋利的小刀。
- 记号笔（用于标记电池、SD 储存卡等）。
- 液体导电胶带。
- 各种规格的束线带。
- 两个锂离子电池安全保护袋（一个用于充好电的电池，一个用于用完电的电池）。
- 管道胶带。
- 一圈魔术贴。
  在家里要准备好以下器材。
- 烙铁。
- 松香芯焊锡。
- 微型电钻。

航拍相机的设置

关于风景摄影，对于航拍来说最大的挑战是保持一个较大的动态范围。天空相对于光线较暗的地面来说就显得非常明亮，这就很难在高光部分与阴影部分之间做好平衡。因此，在开始拍摄之前应对相机做好设置。

内置于大疆Phantom"精灵"无人机中的相机采用与GoPro Heros 3、4、5型运动相机相同的1/2.3英寸CMOS 1200万像素传感器。这是一款非常优异的传感器，但你仍需要做好正确的设置，以便在后期制作中具有最大程度的灵活性。

相机设置

这些参数设置基于大疆Phantom"精灵"4无人机的内置相机以及GoPro Heros 3、4和5型运动相机，但你可以按照相同的原则设置你的微单相机或单反相机。在"精灵"4无人机上，你可以通过与大疆无人机配套的APP对相机参数进行更改。

无线连接：如果你的相机支持无线连接，那么就关闭这个功能。它会毫无用处地消耗电池的电量，并且可能干扰对无人机的控制。

分辨率：4K是所能获得的最大分辨率，因此设置为最大像素便于在后期对视频画面进行稳定处理，但由于数据量非常大，你就不要用来拍摄慢动作。4K分辨率的视频需要更大的存储空间，并且在后期制作中需要高性能的计算机设备。

下图：这是大疆"精灵"APP的相机设置面板，可通过它根据拍摄环境进行设置。

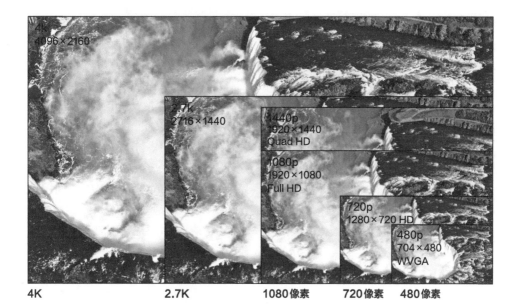

4K
4096×2160

2.7k
2716×1440

1440p
1920×1440
Quad HD

1080p
1920×1080
Full HD

720p
1280×720 HD

480p
704×480
WVGA

| 4K | 2.7K | 1080像素 | 720像素 | 480像素 |

2.7K分辨率最适合进行动作拍摄和慢镜头拍摄。这是最灵活的一种选择，甚至后期进行画面稳定处理和消除鱼眼效果处理后（会损失一些像素），仍能保持最佳的画面质量。

下图： 这是"精灵"4无人机以4K ISO400感光度进行拍摄所得到的照片。

1080像素（HD）：对于任何电视播放来说都是足够的，而且可以较多帧数进行慢动作拍摄（60帧/秒或者120帧/秒）。与4K相反，在后期制作中修改的余地就不是很大了，没有足够的像素对画面进行稳定。

Advanced Settings	
Protune	ON
White Balance	CAMERA RAW >
Color	FLAT >
ISO Limit	1600 >
Sharpness	MEDIUM >
Exposure Compensation	-0.5
Reset to Default	

上图: 如果可以的话，尽可能用RAW格式进行拍摄。这样可以获得最佳的图片质量用于后期处理。

帧数: 24帧/秒（准确数字是23.976帧/秒）。在后期制作中，你需要将所有的视频素材都转码为24帧/秒，因为这是用于视频播放的标准格式。以24帧/秒进行拍摄也能给出非常漂亮的电影般的效果。

宽高比: 视频拍摄选用16:9或17:9（GoPro相机采用较宽或超宽的宽高比），但如果你拍摄的是静态图片，选择4:3的宽高比可以将传感器的尺寸全部用上。

RAW/Protune: 用RAW格式拍摄，对于GoPro相机则选择Protune。这样能够得到更大的、更中性的动态范围，这将有助于进行颜色调整。

白平衡（WB）: 正确设置白平衡是很重要的，或者用RAW格式进行拍摄，在后期处理中对颜色进行修正。

用GoPro Hero4 Black运动相机拍摄的画面:

ProTune
白平衡: Native（RAW）
色彩: Flat

用Final Cut Pro X软件进行颜色修正:

重新曝光调节饱和度
反差: +15
色调与饱和度: −2

GoPro使用自己定义的RAW格式，称之为"Cam Raw"或"Native"，大疆则用一种称为"LOG"的格式与之相对应。不要使用任何GoPro相机的颜色预设功能！更多详情可通过右边的图表加以了解。

ISO 400或较低的值。较高的ISO值能够获得更多的光线，快门速度也可以设置得更快，但得到的画面会有很强的颗粒感，视频的晃动更加明显并有令人讨厌的"凝胶"效果。较低的ISO值意味着较低的快门速度和较细腻的画面质量。

锐度LOW。这会让视频画面看上去更有电影的感觉，而不像那种老的电视画面效果。

镜头设置（GoPro）（中等）。宽和超宽画面在后期制作中都需要较大的扭曲修正。

滤镜。使用中性滤镜以及（或者）偏光片。这样能够抵消强烈的阳光干扰，并能以较低的快门速度进行拍摄，使得拍摄的画面更有电影感。

白平衡

如果你没有在相机上选择以RAW格式进行拍摄，就根据下表设置白平衡（WB）。

色温	光线来源
1000~2000K	烛光
2500~3500K	白炽灯（根据室内情况而定）
3000~4000K	日出／日落（晴朗的天空）
4000~5000K	荧光灯
5000~5500K	电子闪光灯
5000~6500K	晴朗天空的日光（太阳在头顶上）
6500~8000K	天气稍微有些阴
9000~10000K	阴暗部分或者天空阴云密布

最佳的"精灵"4设置

下面的这些设置能够获得最佳质量的画面和后期制作中最大程度的灵活性。然而，你将不得不进行颜色调整，但这是专业的电影制作者应当具备的能力。

常规设置（在相机的操作栏中进行）
分辨率： 4K或者UDH 24帧／秒。
视频格式： mov。
视频标准： NTSC。
白平衡： 用户定义，5100K日光条件下。
样式： 用户定义，锐度-2，反差-2。
饱和度： 2。
色彩： D-log用于最佳的动态范围。

其他设置（扳手按钮）
柱状图： 打开，用于反差控制。
视频字幕： 取消。
过曝警告： off（因为你打开了柱状图）。
3D噪声消除： 白天设置为off，夜晚设置为on。
Grid： 网格线（控制云台的准线）。
防抖： 自动。
文件索引模式： 连续（这种模式对于文件归档和编辑是最好的）。

曝光
Auto/M： M（手动）。
ISO： 100（尽可能地低）。
快门： 2倍帧数＝50。

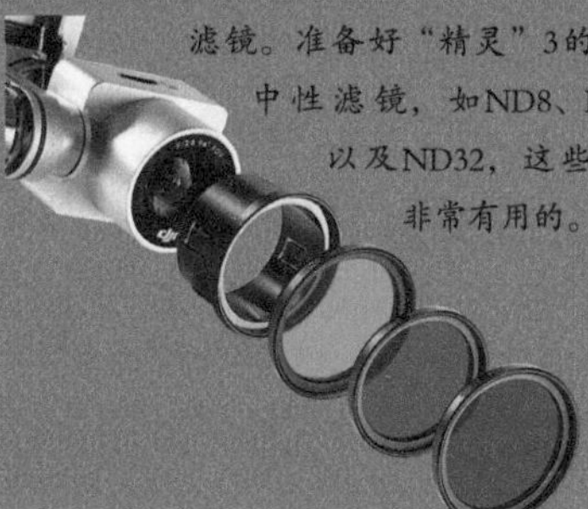

下图：如果拍摄环境太明亮，就用中性滤镜。准备好"精灵"3的多款中性滤镜，如ND8、ND16以及ND32，这些都是非常有用的。

第7章 无人机空中摄影

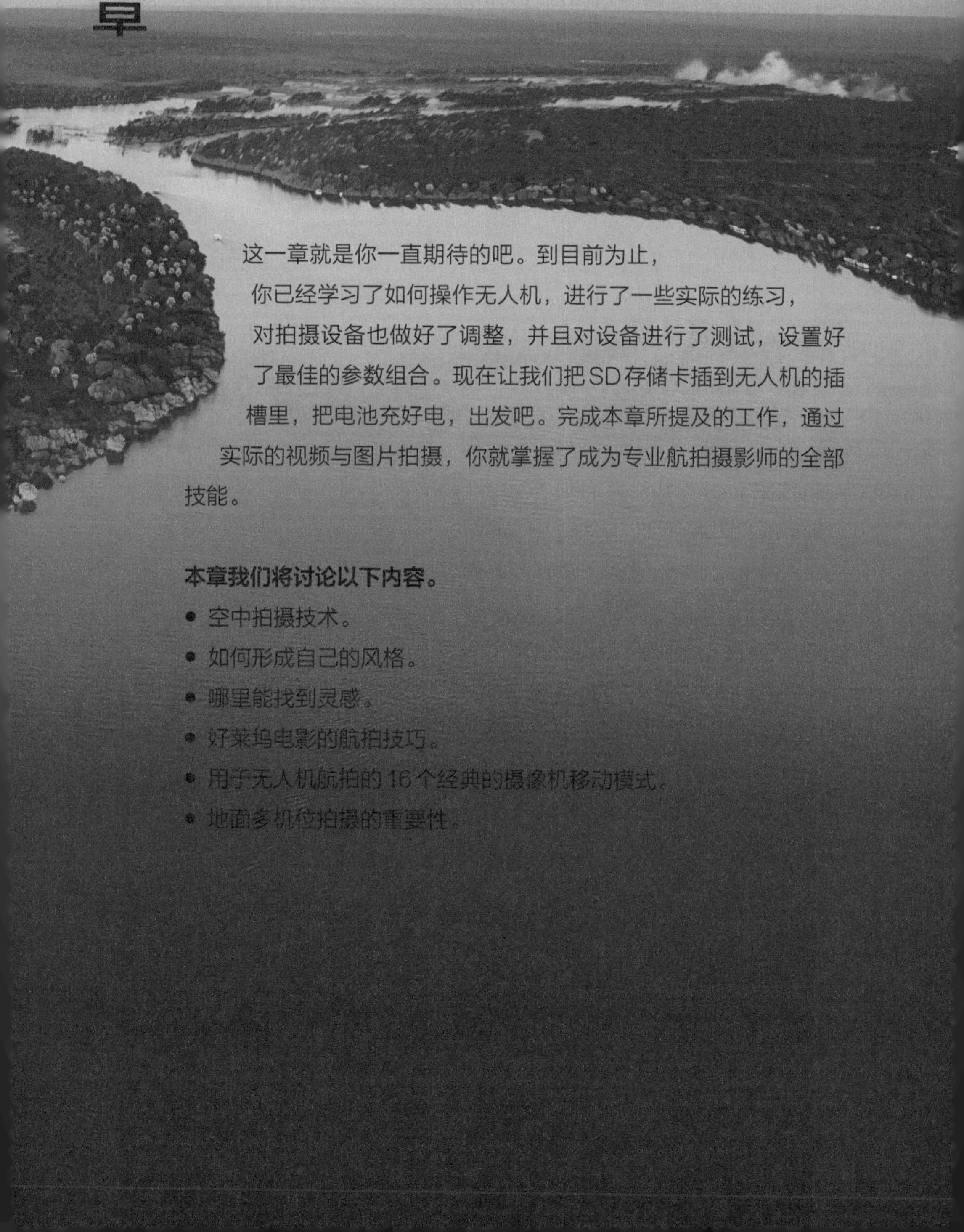

这一章就是你一直期待的吧。到目前为止，
你已经学习了如何操作无人机，进行了一些实际的练习，
对拍摄设备也做好了调整，并且对设备进行了测试，设置好
了最佳的参数组合。现在让我们把SD存储卡插到无人机的插
槽里，把电池充好电，出发吧。完成本章所提及的工作，通过
实际的视频与图片拍摄，你就掌握了成为专业航拍摄影师的全部
技能。

本章我们将讨论以下内容。

- 空中拍摄技术。
- 如何形成自己的风格。
- 哪里能找到灵感。
- 好莱坞电影的航拍技巧。
- 用于无人机航拍的 16 个经典的摄像机移动模式。
- 地面多机位拍摄的重要性。

空中拍摄技术

空中拍摄的最佳应用是通过一系列的镜头获得从地面逐渐放大的视野，或者将观众从一个故事线索引导到另外一个。这其中就有很多专门的技术，从好莱坞电影到BBC自然节目已经发展了几十年，这些技术你都可以拿过来应用在自己的工作中。

当你计划开始一天的拍摄工作时，心里知道打算拍些什么，但这时往往还只是一些模糊的想法。尽管如此，你还是要做好计划，准备拍些什么，以便拍摄到的素材能够与整个影视作品很好地衔接在一起。

风格

无论你是计划像乘坐热气球那样俯瞰梦幻般的大地风景，然后慢慢降低高度，以快速狂飙的速度与一辆汽车追逐，还是从空中跟踪一群动物的迁徙，你需要做的第一件事都是决定用什么样的风格进行拍摄，以便与影片的其他部分能够匹配。哪种运动方式是你之前在地面拍摄时常用的？哪种空中的运动方式可以作为补充，并能够很完美地剪辑在一起？写下想到的灵感，甚至可以在纸上大致地描绘一下你想得到的某种运动的场景。

编排

如果你要拍摄某些剧本中的场景，甚至是一些冒险运动的纪录片，如极限滑雪与攀岩，有些事情你可以仔细地计划一下，并与拍摄对象进行交流，以便他们开始出发时，能够知道他们在做什么，下一步他们要做什么。这样就不至于不得不反复拍摄而浪费宝贵的时间。通常还可以在拍摄过程中与拍摄对象通过无线对讲机进行交流。

平稳与慢速

　　这是用无人机进行空中拍摄的至理名言。慢速移动能够得到更好的控制，拍出来的画面也更像是电影的画面。即使是拍摄像前面所提到的追逐汽车的画面或者滑雪者从山顶以极快的速度滑下来的场景，你仍要时刻想着"平稳与慢速"这一准则。

　　快速移动和剧烈扫掠很容易导致无人机坠毁，有可能让观众感觉不舒服；画面还会抖动得厉害，在后期制作中也很难做平稳化处理。尽可能保持拍摄方式简单，一次只采取一种运动方式，而且每次不要超过 10 秒钟。一旦你掌握了简单的运动方式，再着手拍摄更长一点儿的片子。

上图：尽可能地保持平稳和慢速运动是可行的，这样拍摄得到的结果说明了一切。

对页图：事先编排好要拍摄的镜头在航拍中是非常重要的，这样能够避免反复拍摄。

细微的移动

通过仔细、慢慢地进行精细的调节，就能够让你的镜头平稳地移动。这需要冷静并轻柔地推动遥控器的控制杆。任何快速推动都会造成拍摄画面的丢失。你需要持续稳定地拍摄至少7秒钟，这样的拍摄素材才具有后期剪辑的价值。

练习

在正式拍摄之前的几天里，你需要针对计划要做的移动方式在模拟器上进行练习。有的APP甚至可以将模拟飞行的过程记录下，你可以把模拟的视频画面放到剪辑软件中，看看是否能够与影片的其他画面剪辑到一起。这是一种非常有用的练习。

在正式拍摄的前一天，可以实地进行一下试验飞行。了解一下当地的风力状况，考虑一下阳光的投射方向，以避免在画面上有难看

激发灵感

多看一些电影，看看影片中摄像机是怎么移动的，能够得到什么样的效果。对于新手，为了激发你的拍摄灵感，这里推荐6部必看的电影。

上图：这个掠过美国冰川国家公园树顶的画面是电影《闪灵》中的经典镜头。

《闪灵》（1980）

这是斯坦利·库布里克执导的一部著名的电影作品，片头片尾可能是电影史上最著名的航拍镜头，事实上也的确如此。这些镜头由著名的航拍摄影师杰费·布利斯从直升机上进行拍摄，这些镜头成为电影中将出现的情节的先兆。

《盗火线》（1995）

这部惊悚片可以认为是迈克尔·曼最好的作品，在影片中自始至终地使用了航拍镜头，得到了非常好的效果，特别是由罗伯特·德尼罗和阿尔·帕西诺饰演的两个主要人物第一次相遇时的镜头达到了整个剧情的高潮。当时阿尔·帕西诺饰演的角色正在试图追捕一名由罗伯特·德尼罗扮演的小偷，这个镜头由另一位善于进行夜景航拍的摄影师戴维·B.诺威尔用头盔摄像机拍摄。

的阴影。总的目标就是在拍摄的一开始，你就清楚地知道后面的拍摄要怎样进行下去。

上图： 在影片《盗火线》中，镜头缓慢扫过洛杉矶上空。

上图： 在纪录片《行星地球》中，驯鹿正穿越冰封的荒漠。

上图： 在影片《迁徙的鸟》中，镜头与加拿大天鹅一同飞翔。

上图： 在影片《边境杀手》中，镜头穿过边境地带。

《迁徙的鸟》（2001/2002）

这部精彩绝伦的纪录片由雅克·克鲁奥德、米歇尔·德巴和雅克·贝汉导演，摄影导演蒂里·马查多和13个电影摄影师共同拍摄，展示了鸟类迁徙的漫长旅程。在影片拍摄过程中使用了超轻型动力滑翔机、滑翔伞和热气球进行拍摄，给人一种和鸟儿一同飞行的感觉；还展示了逼真的音效设计，用以创造出一种空中的大自然的声音。当然，这不可能是在充满噪声的滑翔机上录制的。

《行星地球》（2006）

英国BBC公司拍摄的这部系列电视片自始至终运用了非常出色的航拍镜头，每个故事开始都是以很大的尺度俯瞰地球的绝美景致。这些画面是通过直升机、飞机和热气球进行拍摄的，总计进行了50小时的飞行。

《家园》（2009）

这是另一部必看的航拍经典之作，由扬恩·亚瑟－贝特朗拍摄，向我们展示了我们这个行星上的一些壮观景象。这部影片几乎完全都是航拍的画面，通过一架小型直升机进行拍摄，飞越了50多个国家，以展示地球多种多样的生机。

《边境杀手》（2015）

《边境杀手》是一部非常出色的动作片，由摄影大师罗杰·迪金斯拍摄。影片中大量使用了航拍画面，总计有10分钟之多，展示了美国FBI穿过墨西哥边境的一次突击行动。这是一部令人紧张的电影，影片中使用稍微有些倾斜的画面以制造一种不安感。这再一次证明了罗杰·迪金斯是当今顶级的摄影师。

无人机摄影的拍摄手法

移动画面在电影中的应用已经超过了100年，其中得益于不断发展的新技术，一些拍摄手法已经成为了电影产业中的经典之作。由于在推进故事情节发展中所起到的重要作用，这些拍摄手法也成为了世界各地影迷们总结归纳的电影知识中的一部分。

无人机的作用除了可以从空中进行拍摄外，还可以从其他角度加以认识。你还可以把它看作摄像机的稳定器、摇臂和移动摄影车。一个多世纪以来电影拍摄技术的发展已经形成了一些摄影机运动方式。将这些方式用于无人机航拍，一旦能够熟练掌握，无疑会将你的作品提高到专业水准。

平移镜头

平移镜头就是将摄像机简单地从左到右或从右到左水平地移动。传统的做法是在三脚架上进行，操作时需要格外小心，以保证平稳和较为缓慢的速度。

应用：水平跟踪一个移动的物体，展示风景。

技巧：以静止的画面作为开始和结束。平移的速度逐渐降下来，保持平稳地结束，特别是当你希望移动的物体逐渐消失在远处时。

高平移镜头

平移镜头的一种变化形式是高平移镜头，它们本质上是一样的，只是从非常高的位置上进行平移，例如镜头从海面慢慢地平移到陡峭且壮观的岸边悬崖。

应用：用长镜头追踪移动的物体，扫描周围风景。

技巧：以静止的画面作为开始和结束。保持缓慢地移动，因为画面中的内容非常丰富。

平移镜头

推轨镜头

倾斜镜头

　　将相机镜头指向上面或者指向下面（与之相反，升高或降低无人机）。

　　应用：追踪向镜头移动的物体或者从下方经过的物体；以向上倾斜的方式展示周围风景；让物体从下方经过，倾斜地跟踪一定的距离。

　　技巧：从静止的画面开始，倾斜地进行移动，再以静止的画面结束。和其他镜头一样，保持慢速和稳定是关键。

垂直升降镜头

　　相对于拍摄物体，镜头垂直地上升或者下降。

　　应用：展示物体的高度。用这种方式展示一个巨大的风力发电机，或者逐层地展示一座高楼。

　　技巧：平稳操作。平稳地操控无人机进行升降，同时保持相机镜头始终对准前方。以静止的画面作为开始和结束。

推轨镜头

　　也称作移动摄影车拍摄。传统的跟踪拍摄是将摄像机安装于可在导轨上移动的摄影

车上，通过这样的方式，与移动物体保持一定的距离，并排平稳地进行移动。这种方式在摄影历史上可能是用得最多的，而且花样也是最多的。如果做更加具体的分类，除了并排拍摄，还有前跟踪和后跟踪拍摄方式。

　　应用：跟踪一个移动的物体，展示场景中的风景特征。

　　技巧：你可以去跟踪任何物体，从沙漠里缓慢摇曳的风滚草到飞驰的车辆或者飞奔的马群。保持平稳依然是关键。尽可能避开你和拍摄物体之间的障碍物（如树木或高一些的杂草），要体现运动感。你也可以跟踪一排静止的物体，比如一条街道或一排树木。

垂直升降镜头

平行镜头

跟随镜头

跟随拍摄

在移动车拍摄和固定镜头拍摄之间的一种拍摄方式是跟随拍摄，即平稳地跟随物体，并稳定地保持一个固定的距离。

应用：跟踪一个移动的物体，让物体带领我们进入一个新的场景。

技巧：将镜头置于比物体高的位置，以中景进行拍摄。保持平稳移动，在开始拍摄之前，一定要了解拍摄物体的运动节奏。

旁侧滑动镜头拍摄

旁侧滑动镜头拍摄与推轨镜头拍摄几乎是可以互换的，也有的将其称为"扫射"，就是让物体移动到画面内，再按照相同的轨迹退出画面。

应用：跟踪移动的物体，衔接各段故事，显示时间的进展或者追逐的速度。

技巧：首先将物体置于画面之外，慢慢地让物体进入画面，保持稳定的速度和高度，然后让物体从画面中滑过，从另一侧退出。

升降镜头

升降镜头

升降镜头可分为"上升"和"下降"两种方式，虽然简单，但有史诗般的画面效果，而且在场景转换中也是最有效的。和推轨及移动摄影车拍摄方法一样，它已经成为自无声电影出现以来电影叙事的一种重要方式。

应用：将观众带入场景，通常从较宽阔和较高的视角逐渐向下形成中景或近景；或者通过逐渐上升的镜头，移除场景到某个标志着结束的位置，或者用在电影的结尾。

技巧：下降是从高处以静止的画面开始，慢慢地向下垂直移动镜头，直到物体出现在画面中。上升是以静止的画面开始，慢慢地向上移动镜头，直到物体出现在画面中。

变化形式：一旦掌握了垂直升降镜头拍摄的方法，你可以尝试一下3D升降镜头拍摄，即上下移动以及左右移动。这包括在上下移动镜头的同时，摄像机做左右的平移运动。

"斯坦尼康"拍摄

"斯坦尼康"拍摄

"斯坦尼康"拍摄方法由加勒·特布朗于1975年发明，斯坦尼康这个品牌已经成为了摄像机稳定器的同义词，借助这样的一个机械装置，在配重和云台的帮助下，将摄像机与拍摄者的运动隔绝开来。这样就可以在行走或跑动的过程中拍摄出平稳的画面。将这一拍摄方法用于无人机是最难以正确掌握的，所以在你成为合格的无人机操作手之前不要去尝试这种方法。

应用："斯坦尼康"拍摄方法可以在不平坦的地面甚至非常快的运动速度下对拍摄物体进行近距离的拍摄，最适用于山地自行车或滑雪等极限运动。

技巧：从静止开始，跟着拍摄物体一起移动，在物体前面或者后面保持较近的固定距离。

慢一点儿，再慢一点儿

拍摄时运动幅度越小，越有电影大片的感觉，越慢越不像是用无人机拍摄的。记住，你的无人机是拍摄中用到的一个工具，而不是你要拿去炫耀的什么东西。

警告：用这种方式进行拍摄时，由于与拍摄物体保持的距离较近，因此通常要使用螺旋桨保护圈。千万不要用这种方式拍摄动物。

展现镜头

向前逐渐展现的拍摄方式是一部影片开始或展示某些大的拍摄对象时非常不错的方法，例如一个小村庄后面耸立的一座高山、一个巨大的瀑布冲入河流，或者从海面掠过后出现一座巨大的港口城市。相反的展现方式是在一个大的环境中显示拍摄物体的一种很好的方法，比如从耸立的高山开始慢慢移动，显示出山脚下的小村庄。

应用：作为电影、场景或者片段的开始，场景转换。

展现镜头

技巧：对于前向展现，操作无人机向前飞行，保持稳定，同时慢慢地将摄像机向上倾斜，展现出拍摄对象；对于反向展现，则

操作无人机向后飞行，同时向下倾斜摄像机以展现出拍摄对象。

追逐镜头

飞行镜头

飞行镜头类似于快速平移拍摄或者轨道拍摄的快速版。虽然它本身是为了吸引观众的注意，但在显示尺度和速度方面还是一种好玩的方式。

应用： 通过从后面离开物体，将一个场景与另一个场景进行衔接；显示尺度；快速切换。

技巧： 先设置好画面。你需要准确地知道当飞过拍摄物体时，拍摄对象相对于无人机移动得有多快或者多慢。快速飞行镜头的拍摄需要快速地平移或者倾斜，慢速飞行镜头需要缓慢地平移或者倾斜。

追逐镜头

追逐镜头非常类似于"斯坦尼康"镜头的拍摄，但速度要更快一些，因此，对于拍摄对象来说也更加危险，甚至难以完成。与以固定距离跟随拍摄物体不同，追逐镜头是从后面跟过来，然后飞越过去。在后期剪辑中，剪切点通常在无人机赶上拍摄对象时。

应用： 快速切换和动作转换。

技巧： 给自己留至少20米的距离，以便你能够赶上拍摄对象的速度。平稳地从后面赶上来，再从另一侧飞越过去。

警告： 由于与拍摄对象较近，因此通常要使用螺旋桨保护圈。在你成为熟练的无人机操作手之前，不要尝试这种拍摄方式。在任何情况下都不要用这种方式去拍摄有动物的画面，例如马背上的骑手。

鸟瞰镜头

鸟瞰镜头是从很高的地方将摄像机镜头向下进行拍摄。这是以抽象的方式展现场景或者表现尺度的一种很好的方法。想象有一个巨大的风力发电场，从上方垂直地向下拍摄。鸟瞰镜头也是以从未见过的角度拍摄野生动物的理想方式，例如鲸鱼或者迁徙中的动物。

应用： 转换场景，映射前面的场景，提供拍摄对象一个稍微抽象一点儿的视角，从高处拍摄野生动物，也适用于静态图片的拍摄。

技巧： 将摄像机的镜头垂直向下，同时操作无人机降低高度。要确保摄像机垂直向下，这样才能够拍摄出漂亮和抽象的感觉。

鸟瞰镜头

飞行穿越拍摄

飞行穿越拍摄

这些镜头的拍摄难度是不能低估的，但用作展现镜头的拍摄时效果非常好。例如，从树顶开始逐渐展现出后面的风景，或者仅仅就是为了获取穿过缝隙或洞口时的刺激和快感。这种镜头的拍摄由于有一定的风险，因此容易分散注意力，只有当绝对必需的时候才有必要去拍这样的镜头，否则容易将观众带出故事情节。

应用： 展现场景，场景间转换。

技巧： 操作无人机径直穿过障碍物之间

的缝隙或者洞口，同时摄像机的镜头指向前方。"第一人称视角"就是这样的拍摄方式，如果你不看着前面的障碍物，就无法判断该如何操作。为获得最佳的电影效果，要尽可能地慢一些。不要只是为了炫耀你有一架无人机而进行拍摄。

警告： 你必须成为熟练的无人机操作手才可以去尝试这种拍摄方式。根据缝隙的大小，你要承担无人机坠毁的风险。

环绕拍摄

环绕拍摄是在场景中展现拍摄对象的一种很好的方式。例如，拍摄一个布莱斯峡谷岩石尖顶上的攀岩者，或者几个小朋友在地面上玩耍，对这些场景从上方进行环绕拍摄都能获得很不错的效果。环绕拍摄也是本书列出的最为先进的拍摄方式，同样也需要通过大量的练习才能够拍得好。

应用： 以一种出人意料的方式展现拍摄对象，表现史诗般的大场面转换效果。

技巧： 操控无人机从左侧或右侧进行侧飞，同时进行相反方向的偏航控制。这就能形成一个圆形的飞行轨迹，同时保持摄像机的镜

环绕拍摄

头对准圆心。其中关键是要非常仔细地做好偏航控制，否则无人机最后就会旋转起来。飞的圈越大，偏航的控制变化幅度就要越小。一个好的云台在这种方式的拍摄中是非常必要的，这样当无人机向前、向后或侧向飞行时能使得摄像机镜头保持固定的偏航角速度。

半环绕拍摄

这种拍摄方式本质上是飞越拍摄的慢速版，比完整的环绕飞行简单得多。它具有动态、主动和扫略的感觉，所以特别适合在切换到地面场景前建立主人公的形象和表现他周围的环境。如果你已经在地面上进行了拍摄，并且也录制了相应的声音，那么在这种拍摄场景中你可以自始至终地使用地面录制的声音。

应用：以出人意料的方式展现拍摄对象，表现史诗般的大场面转换效果。

技巧：在拍摄对象的一侧开始拍摄，确保画面没有问题。当你从旁边穿过拍摄对象时，进行偏航操控，始终保持拍摄对象处于画面中。这样你的无人机就做了一个180°的转弯，结束时处于向后飞行的状态，继而沿之前的飞行轨迹（图中的蓝色箭头）飞离拍摄对象。

半环绕拍摄

地面多机位拍摄的重要性

如果你要非常认真地进行影片拍摄，你需要考虑在地面再安排一个拍摄机位，录制下拍摄地点的声音，这甚至更为重要。无人机是完全不能捕捉到声音的，如果你有真实的拍摄地点的声音（原生声音），你就不会仅仅使用音乐作为背景声了。

用于录制声音的相机：用第二架相机记录地面的情况及相同拍摄对象发出的声音，这是一个很好的办法（最好使用单反相机或者微单相机）。

三脚架：用于地面相机。将它放置在一个有利的位置并记录下当时的场景。

枪型麦克风：如果你录制了原生声音并在剪辑软件中将其添加到拍摄的航拍素材上，将一下子提升你航拍影片的水平。无论如何也不要使用无人机所发出的嗡嗡声。

音频线：用于麦克风。

便携式数字录音机：将麦克风插在上面。可以选择的一款立体声录音机是Zoom H4N，

它能够很好地将飞行时周围环境的原生声音录制下来。

头戴式耳机：用于检查录制的声音。

备用电池：用作摄像机、麦克风和录音机的后备电源。

SD存储卡：用作无人机相机、第二架相机和录音机的MicroSD存储卡以及备用的存储卡。

带有枪型麦克风的单反相机

1TB移动硬盘：如果你要外出拍摄好几天，就需要准备一块更大的备份硬盘。4K相机会产生大量的数据。

笔记本电脑：将SD卡中的数据复制到移动硬盘中。

Zoom Hn4 录音机

第8章 无人机图片摄影

从无人机上拍摄静态的图片与拍摄视频有很大的区别。你要在一个画面中表现很多东西，而视频的那些镜头移动方式都用不到。因此，你需要掌握恰当的构图方式、独特的题材以及设备的正确使用方法。

本章将讨论以下几个方面。

- GoPro运动相机和大疆无人机相机拍摄图片的能力。
- 运动相机的最佳设置。
- 如何不加云台搭载较大的相机进行飞行。
- 寻找有意思的拍摄主题。
- 如何提高你的拍摄水平。

静态图片拍摄

虽然大多数运动相机都是针对视频拍摄而设计的，但也会提供非常不错的图片拍摄功能，航空图片摄影师完全可以用无人机进行拍摄。

你可能想成为专业的图片摄影师而不需要拍摄视频，或者你希望用高分辨率的图片作为你拍摄的影片的宣传材料。为了这一目的，大疆Phantom"精灵"3和4无人机相机以及GoPro Hero运动相机等都提供了非常不错的1200万像素图片拍摄功能，以及4K抓屏功能。这些都是通过f/2.8定焦镜头以及1/2.3英寸传感器进行拍摄的。

GoPro Hero运动相机和大疆Phantom "精灵"无人机相机的图片拍摄能力

在GoPro Hero3+、GoPro Hero4以及大疆Phantom"精灵"无人机相机上都有多个不同的照片拍摄模式，每一个都是针对不同的拍摄条件而设计的。

拍摄模式

由于你要从无人机上进行拍摄，因此单次或连续拍摄模式可能是最佳的选择。连拍模式可以很快的连续方式进行手动拍摄，这对于从移动的无人机上进行拍摄来说是非常有用的。在这种模式下，你还可以选择按一下还是按下保持不动，这些都可以在一秒钟内拍摄出多达10张的照片，对于不同的相机具体数量会有所不同。

分辨率

使用最高分辨率能够充分利用整个传感器。图片的数据量远比拍摄视频时小得多，所以你不必担心SD卡会很快被写满。Hero3+运动相机的最大分辨率是1000万像素，Hero 4是1200万像素，大疆Phantom"精灵"3和4无人机相机是1200万像素。

Protune/DNG RAW

如果你想完全用手动控制方式进行拍摄，

图片参数	GoPro Hero3+	GoPro Hero4 Silve	Phantom "精灵" 3、4
照片拍摄最大分辨率	1000万像素	1200万像素	1200万像素
突发模式速率	3/1, 5/1, 10/1	30/1, 30/2, 30/3, 10/1, 10/2, 10/3, 5/1, 3/1	3/1, 5/1, 7/1
延迟拍摄时间（秒）	0.5, 1, 2, 5, 10, 30, 60	0.5, 1, 2, 5, 10, 30, 60	
连拍速率	N/A	10/1, 5/1, 3/1	N/A
Protune模式	N/A	是	N/A
夜景模式	N/A	是	N/A
夜景延迟模式	N/A	是	N/A

可在GoPro运动相机上选择"Protune"或者在大疆Phantom"精灵"上选择"DNG RAW",以获得最大动态范围、最佳质量的照片。后期可以在Photoshop软件中进行颜色修正,还可以调节白平衡、颜色、ISO值以及锐度。Hero 3+相机没有Protune的功能。

如果你喜欢让相机自动地调节这些参数,就将Protune功能关闭,或者不选择RAW图片格式。大疆"精灵"系列还提供了一种自动包围曝光的功能(AEB),相机以很快的速度连续拍摄3到5张照片,后期可以从中选择最好的一张,或者将这些照片合并在一起成为一幅高动态的图像。

夜景拍摄模式

前面所提到的这几款相机都没有内置的闪光灯,但GoPro的夜景拍摄模式是最好的,在黎明、黄昏等低亮度环境下以及拍摄城市的夜景时都有很好的效果。需要注意的是,在光线较暗的环境下,需要进行长时间的曝光,所以不要从飞行的无人机上进行长时间的曝光拍摄,也不要通过GPS定高的方式进行悬停拍摄,否则拍出来的图片就会有明显的运动模糊。大疆Phantom"精灵"无人机相机通过曝光调节也可以得到相似的拍摄效果。

左上图:以GoPro Protune模式(RAW)拍摄的画面,右边是经过后期颜色调整的效果。

下图:在光线较暗的情况下用高ISO设置参数拍摄得到的画面颗粒感较强,但通常也更柔和,可以很好地渲染气氛。

上图: *夜景的延时拍摄很难在无人机上进行,因为需要相机保持静止,但如果天气条件好,也是可以做到的。*

延时拍摄/夜景延时拍摄模式

延时拍摄最好使用三脚架,用来记录拍摄对象的移动过程,如天上的云、星星或者路上的车辆。从无人机上进行拍摄则和这个过程相反,你拍摄到的是无人机在运动过程中所能见到的景象,拍摄到的结果就好像从无人机上拍摄到的视频以快进的方式进行播放。当然,这需要很多的照片才能得到好的拍摄效果。

尝试一下在日落时拍摄路上车辆的延时场景,同时加上无人机横向飞行。选择延时拍摄模式,按下快门,相机便开始按照预先设定的时间间隔进行连续拍摄。当再次按下快门时,延时拍摄结束。

对于飞行中的无人机来说,时间间隔的

设置相对来说要短一些,大概0.5秒或1秒就足够了。需要注意的是,这需要保持无人机的运动完全平稳,而且非常缓慢,否则很难拍出来好的图片。

夜景延时拍摄模式和延时拍摄模式是完全相同的,但前者是在弱光环境下进行拍摄。

用微单和单反相机进行图片拍摄

使用任何比GoPro运动相机或内置相机大的设备进行拍摄时,最主要的问题之一就是无人机附加的重量较大。但由于唯一的目的是拍摄静止的图片而不是视频,所以有一些办法可以减轻重量,例如用一个简单的支架来替代相机的云台。这样你就可以搭载一台稍微重一点儿的相机,但缺点是你就不能再单独对相机进行拍摄角度的控制了。

如果你用广角定焦镜头进行拍摄,这也不是什么大问题。你可以在无人机起飞前将

独一无二的图片和拍摄对象

随着无人机市场的快速发展，传统媒体和网络社交媒体都涌现了大量的用无人机拍摄的图片。

其中有一些是很独特的，但大多数都平平。因此，要想拍出好的作品，你就需要在构图、寻找特殊的视角以及光线的明暗交替上多下工夫。鸟瞰视角的图片是最流行的，但注意不要落入俗套。

可以用无人机拍摄在地面上拍不到的画面，但同时也没有必要去拍摄那些唯一的卖点只是从无人机上拍的这样的照片。

找到那些你觉得还没有被拍摄过的对象。一旦找到了你感兴趣的拍摄对象，就要坚持下去，直到你感觉找到了展示该拍摄对象的最佳方式。

相机镜头的角度调整好，如果有"第一人称视角"观看功能，则可以通过遥控器上的监视器进行拍摄，或者索性就"盲拍"。这种相机具有面积更大的传感器，用它进行拍摄的优点是相对于无人机的内置相机或运动相机能够拍出更高质量的照片。

上图：如果你的无人机能够搭载微单相机，那么就有更多的相机镜头可供选择，能够拍摄出更好的作品。

下图：仔细地进行构图、取舍以及选取独特的视角，都能提高你的拍摄水准。

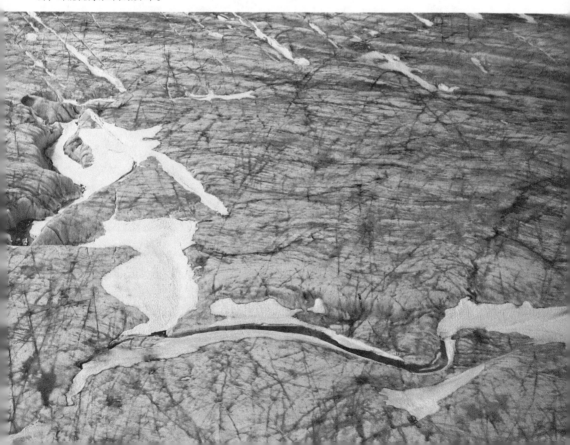

第9章 飞行环境

每一位图片摄影师或电影摄影师都习惯于在某种特定的环境下进行拍摄，也就是说都有自己擅长的领域。而每一种环境都有其美丽且吸引人的地方，但同时也有困难和挑战。一旦你掌握了基本的无人机拍摄技巧，你就会迫不及待地去拍摄更多的题材。

本章我们将讨论以下几个方面的内容。
- 如何在山区、水面、乡村和城市进行拍摄。
- 如何拍摄野生动物，以及要考虑哪些伦理上的问题。
- 如何拍摄夜景。

乡村地区

虽然相关法律对乡村和城市都是同样适用的，但从实际上讲，在乡下操纵无人机飞行要操心的事情少多了。人少是一个方面，同时发生无人机摔机事故所造成的伤害也会小很多。尽管我们这样说，但仍然要注意电线和电话线，它们可不会对嗡嗡作响的无人机客气。

消除螺旋桨的阴影

在中午时分，太阳高悬在空中，我们会发现正对着太阳的螺旋桨会产生阴影。如果角度刚好，螺旋桨投射的阴影会被拍摄到镜头里，就会使得视频画面上出现闪烁的效果。这在后期制作中是没有办法消除的，所以只能在拍摄时尽可能地避免正对着太阳飞行。

乡下是练习无人机飞行技术和学习如何使用相机和云台的理想场所。这里的环境对你可能会犯的任何错误都更加宽容一些，同时也适合练习规划航路点飞行以及远距离"第一人称视角"飞行。

不要在人群、繁忙的马路或高速公路上空练习无人机飞行。否则，你不仅不能保证完全的安全，还有可能触犯一些规定导致严重的后果。无人机上的相机可能会侵犯相关权利保护法（如拍摄人物时没有得到允许），而且还有可能会打扰其他来访的游客或者当地的居民。

带个"观察员"

不要一个人去飞无人机。带上至少一个朋友作为"观察员"，帮你留意周围的情况，这样能够在很大程度上消除危险。他们的任务就是观察天空和地面，发现任何可能会带来危险的障碍物，并及时地给你提醒。

在大多数国家（例如美国），在自然保护区和国家公园中飞无人机是非法的。在英国，国家信托组织已经立法规定在所有由组织机构管理的土地上空飞无人机都是违法的，这包括很多历史建筑物。很多野生动物都在它们的领地里繁衍后代，对任何打搅都非常敏感。很多鸟类视无人机为一种威胁，甚至可能会因此丢弃它们的巢穴。

在南非和肯尼亚，政府严格控制无人机的飞行，但这也伤害了那些用无人机打击偷猎者的野生动物保护主义者。如果你不确定在某个地方是否允许飞无人机，最好先咨询一下。

了解光线

当你在用无人机进行飞行和拍摄训练时，要将自然光作为一个主要因素加以考虑，要想一想最终的拍摄画面上会呈现出什么样的效果。显然，理论上知道是一回事，能够付诸实践又是另外一回事。每天不同的时刻以及不同的季节，对于你能拍到的光线都有非常大的影响。大中午的光线通常是最刺眼的。另外，还要考虑太阳的方位，不要正对着太阳飞行。相机中光线的测量会过度，而图像的其他部分曝光不足，显得非常暗。

下图： 在早晨最好的光照条件下开始练习拍摄，地面上的晨雾是非常有气氛的画面。

山区拍摄

从电影画面的角度来说，在山区进行无人机航拍能获得惊人的效果。你可以在垂直方向上了解这个世界，而之前你是做不到的，但可能也意味着你对这个世界的了解并不如对自家后院那么熟悉。

在山区进行拍摄时，你可以记录下优秀的滑雪运动员从加拿大落基山脉上划出的一条新轨迹，也可以在法国南部的凡尔登峡谷里记录下在距离地面400米高的悬索上行走的刺激场面（见下图）。虽然这些地方都是在大自然环境中，但伦理道德和法律方面的要求仍然是不可忽视的。

安全第一

高山滑雪、攀岩和高空行走被认为是"极限运动"，这是因为这些运动是非常危险的，需要最大程度地集中注意力。但风险往往是不可控的。无人机的出现更增加了另一个风险因素，因为它会严重地分散运动者的注意力。无人机有非常大的噪声，并有可能发生坠毁，从高处击中运动者。如果发动机出现故障，就意味着你的设备会从数百米的高度垂直坠落到山谷中。除了上述风险，无人机坠落下来对行人造成的伤害也是非常严重的。请仔细阅读下面该做与不该做的事项清单，并确定你能够严格遵守。

山区拍摄该做与不该做的事项

不要在人流量较大的风景区、瞭望点或攀岩/滑翔伞/徒步旅行区域飞无人机，特别是在节假日。

不要靠近滑雪斜坡和升降机，否则将是非常危险的，也是违法的。

没有得到明确的许可，不要在离任何人50米的范围内飞无人机。

不要在登山者上方起飞或降落无人机，一架正在降落的无人机很容易造成岩石坠落。

全面做好飞行前的计划，仔细检查，并做好风险评估。

赶早或赶晚飞无人机，确保在飞行区域下方没有行人通过。

认真听取周围人的担忧，并绝对不要打搅任何人。

确定在飞行前获得了相关的许可。

风与天气

山区的大气环境是非常独特的。这里既有上升气流也有下沉气流，会使你的无人机撞向岩石，或者将无人机吹得摇摇晃晃拍不出稳定的画面。突然变化的天气可能会瞬间带来降雨、冰雹甚至降雪，都会对你的无人机产生威胁。所以，要比在家里更加谨慎地注意风和天气的变化。

准备

将所有的设备带上山可能需要相当多的时间。一定要比你的拍摄对象早一点儿到达拍摄地点，并了解拍摄地点周围的环境。要确保有足够的充满电的电池、SD存储卡、备用的螺旋桨、工具箱和其他任何你可能会需要的拍摄器材。

在零度以下的环境中拍摄

电池的电量在寒冷的环境下会消耗得很快，所以要记住将电池放置在一个有保温措施的地方。把电池裹好了放在较厚的绝缘袋子里，用暖手宝或者热水袋来保持温度。

在飞行中，要时刻注意电池电量的变化，要比正常情况提前一点儿将无人机收回来。在寒冷的环境下电池的放电是非常快的。由于温度降低，相机的镜头还可能会起雾，所以还要带上清洁镜头的工具。

如果在晴朗的天气飞无人机，操作起来会比较容易一些。要注意早晨的薄雾，因为潮湿可能会使螺旋桨结冰，还会导致一些电子电路的问题。

遵守法律

在美国，在国家公园中飞无人机是违法的。全美的滑雪场都禁止私自使用无人机，所以，如果你没有从当地的主管部门（也就是滑雪场的管理部门）获得特别许可，是不允许在滑雪道的斜坡上进行拍摄的。在欧洲，相关法律规定也正在向这个方向发展。

水面拍摄

自从无人机航拍出现以来，冲浪主题的影片拍摄已经存在了很长一段时间，现在你也可以拍出这种史诗般的作品来。无人机的速度和自由的转向性使其可以从各个角度捕捉画面，而这在以前的冲浪摄影作品中是不多见的。

如果你是第一次在海滩上飞无人机，记住首先要确保海滩上的游客和冲浪者的安全。当你的注意力都集中在即将过来的一个浪头上或者只是想好好放松休息时，没有什么比低空飞过来的无人机更令人讨厌的了。如果无人机失去控制，那么就更加危险。

所以要时刻保持礼貌，不要打搅到任何人。如果你感觉周围的人有些不高兴，那么就尽快离开这个区域吧。

需要带些什么东西

- 带一个防水防尘的硬质设备箱，以免无人机设备中进沙子。
- 带一块胶合板或者其他平整的硬板子，让无人机从这样的板子上起飞，而不要直接从沙地上起飞，否则会对无人机造成损害！
- 带上监视器的遮阳罩，否则在强烈的阳光下，你看不到拍摄的任何东西。

制定计划

与冲浪的朋友讨论一下你打算怎么去拍摄以及拍摄些什么，不要冒失地未经允许就去拍摄一个陌生人。

要熟悉海滩的规模，观察波浪的规律以及浪花的高度，并在远离海滩上其他游客的地方设置好无人机起飞和降落的地点。

高度和距离

时刻注意无人机的高度和距离。不要飞得太远，不要光顾着看鲸鱼，要保持无人机在你可控制的范围内，否则就会有飞丢无人机的风险。要注意浪花的高度，特别是当你正在追踪一个波浪时，不要飞得太低，否则会对你的无人机带来危险。

进行拍摄

在无人机起飞之前，先手持无人机拍些你的朋友和海滩的风景，包括全景和近景，以便有全面的素材。这在后期剪辑制作中是非常有用的。

无人机起飞后，在冲浪者沿着波浪滑行时进行跟拍，这是非常好的捕捉这种运动的刺激性与美感的方法。取好景，调整好无人机，提前开始进行移动，否则会跟丢冲浪者。拍摄时保持在波浪的前面或者侧面。

可以尝试着跟拍冲浪者向海滩移动，或者从较高的位置进行拍摄。也可以尝试一下鸟瞰视角，因为这样的视角不是很多见。

在中午的烈日下，无人机也会很快升温。在每次飞行后，休息至少10分钟，以便无人机能够冷却下来。

高级阶段的水上飞行——从船上起降

如果你在无人机操控方面已经非常熟练，记住一定要非常熟练才行，你可以尝试着乘坐小船，从船上起飞无人机。在你认为可能会拍到海边鲸鱼或漂浮的冰山的海面上进行拍摄。毫无疑问，这种环境下是绝对不可以发生差错的，无人机降落的操作必须百分之百地精确。

获取拍摄许可

要确定你所要拍摄的海岸线不属于自然保护区、国家公园或国家信托管理地区的一部分，如果你没有得到许可就在这些地方拍摄，将会触犯法律。

在城市上空拍摄

在城市上空飞无人机受到的限制越来越多，有的地方已经将其写进了法律，或者正在对相关法律进行修改以取缔无人机在城市上空的飞行。所以，如果你必须进行拍摄，不用说你必须遵守当地制定的法律。

上图： 在城市上空拍摄时，要远离繁忙的街道和人员密集的广场。

从法律上说，如果你想在城市或城镇上空进行航拍，有两件事是你需要考虑的：飞行执照和拍摄许可。这是两个完全不同的事情，所以你要分别对待。如果你没有从当地管理部门获得飞行执照，就不可以开展任何航拍活动。

公共场所

无论你在城市的哪个地方飞无人机，都要进行告知并得到许可。如果没有告知相关管理部门，有可能会有警察过来制止你的飞行活动。

不要理所当然地认为街道是公共的，事实上有可能也是私人拥有或私人进行管理的。在任何公共的城市区域进行飞行都需要得到许可，通常还需要支付一定的费用。千万不要在人员密集的广场或其他人多的地方飞无人机。

建筑物

如果你对建筑物的外观进行拍摄，不会侵犯其版权，所以对于航拍来说，你不需要得到该建筑拥有者的许可。尽管如此，但仍要记住，你必须保持至少50米的拍摄距离。

私人领地

如果要拍摄私人领地，如私人住宅或较大的社区，你需要直接与该住宅的主人或者社区的物业管理部门联系。要确保你能够遵守所有涉及安全与隐私的规章。如果你能意识到这是一个"雷区"，容易发生危险，那么你就是正确的。

上图： 区域限定原则的可视化展示。

人员规模

如果你只对非常少的人员进行拍摄，如四五个人甚至更少，并且不会造成任何干扰，那么大多数的城市都还是比较宽容的，你可以在公共场所进行自由拍摄，但前提条件是你已经获得了相关的飞行执照。这与你使用三脚架固定相机进行拍摄是完全不同的。

限制区域

许多官方部门都要求为无人机设定一定的空中禁飞区。这称为限制区域，如果你很骄傲地拥有一架大疆Phantom "精灵" 4无人机，那么它已经有了这个功能。这类无人机的GPS模块中已经预编程设定了全球数千个机场的坐标，你无法在这些机场附近飞行或飞越机场上空。如果你试图进入这些区域，无人机会被迫降落。在一些规模较大的机场

上图： *在早晨或者夜晚拍摄郊区的街道，画面上有一种非常宁静的气氛。*

周围2千米范围内，你不能将无人机飞至超过10米的高度。如果你拥有的不是大疆无人机，则要小心不要触犯这些规定。

规章制度

- 无论是私人飞行还是商业飞行，无人机都必须保持在视线范围内，即水平距离500米，垂直距离120米。
- 无人机必须与行人、车辆、建筑物或大型结构保持至少50米的距离。
- 不允许在距离人员密集场所150米的范围内飞行，如音乐会、游行示威活动、体育赛事等。
- 对于商业目的的飞行，你必须从相关航空管理部门（如美国联邦航空管理局、英国民用航空管理局）获得飞无人机的许可。

拍摄野生动物

绿本画面是在南非克鲁格国家公园拍摄的。南非政府已经禁止无人机在南非野生动物保护区内飞行。

我们已经看到过一些关于非洲野生动物保护区动物迁徙以及北极熊和它的幼崽在北极地区浮冰上活动的壮观场景，现在完全可以用消费级无人机来进行拍摄，但这样对野生动物有什么帮助吗？

毫无疑问，无人机航拍能够让我们进一步了解地球上现存的野生地带。无人机已经用于检测野生动物的种群情况，世界自然基金会也计划在非洲野生动物公园内用无人机发现并跟踪偷猎者。在马来西亚和印度尼西亚的大猩猩保护地，无人机用于绘制地图并统计灵长类动物的种群数量，以及监测山林火灾。这些无人机的应用取得了很好的效果。

伦理道德

然而，无人机大众化也引起了户外纯粹主义者的担心。用4K的高清慢镜头在一群正在穿越美国内华达州灌木地带的野马上空嗡嗡作响地进行拍摄，是否道德呢？或者在英国塞克斯丘陵上，用四轴飞行器驱赶一群还带着只有几个星期大的羊羔的羊群，是否道德呢？不，这样做一定是不道德的。但在屏幕上看到的却是非常美好的画面。这就陷入了一个两难的局面。

尊重野生动物

研究发现，对于有些动物来说，威胁来自空中，比如火鸡或者一些水禽会把无人机视作一种捕食动物。飞行的动物对于群居动物（如羚羊、野马甚至大象）来说也是一种威胁，它们看到无人机时反应会非常强烈，会迅速奔跑开来。另一方面，更大一些的动物对捕食的鸟类一点儿都不害怕，根本就不把它们当作一回事。当你要拍摄野生动物的镜头时，请务必保持尊重并负起责任来，要记住你在它们的头顶上飞无人机对它们来说可能是一种伤害。它们需要自己的空间和领地并保持野生状态。要确保在距野生动物20米以上的距离飞行，如果它们开始四散奔跑，不要去追逐它们。野生动物的安全是你最需要关心的事情。

在黎明时做好准备

第一次飞行时在起降点要做好充分的准备。起降点距离拍摄地至少数百米，以便飞到拍摄对象上方时有足够的安全高度，并尽可能减小噪声。大多数动物都是在黎明时分开始活跃起来的，经常还会碰上清晨的薄雾笼罩在地面上，这样的景致实在太迷人了。

右图： 在无人机航拍的视频中加上追踪野生动物时录制下来的声音，立刻就把用音乐作为背景声的其他视频比下去了。

录制野生动物行进中的声音

通常在无人机拍摄的视频中，声音是完全没用的，你所能听到的只是电动机发出的令人讨厌的嗡嗡声。解决方案有两个，一个是添加背景音乐，另一个办法就是录制自然界的真实声音，并在后期制作中添加到视频音轨上。反映大自然的影片如果没有自然界的声音，那给人的感受是要打一半的折扣的。

拍摄完航拍的素材后，在第二天一大早带上一台高质量的录音机、麦克风和三脚架，再次来到拍摄地点，这里推荐采用可以弯曲的Joby柔性三脚架。将录音机放置在与前一天拍摄地点尽可能近的位置；如果三脚架可以弯曲，你可以将它绑在树枝或者类似的东西上，以便不会被野生动物踩到。检查一下录制的音量水平，通常设置为平均值，然后就可以开始录音了。

这时候，你要后退到一定的安全距离并开始等待。录制的时间尽可能长一些，每次至少30分钟，但最好能够更长一些。但愿你能捕捉到与前一天早晨拍摄时相同的动物声音和鸟儿的鸣叫声。

完成计划的录音任务后，再在那个地方多待上几个小时，录制一些你感兴趣的其他声音，如小溪流水的声音、水禽飞起来的声音和一些猛禽的声音等。最理想的情况是录制的这些声音能够与你前一天拍摄的画面匹配上。如果能够实现，那绝对是很神奇的。

夜间拍摄

在夜间飞无人机完全是一种全新的体验。夜间的风一般都会比较小，运气好的话甚至还会没有风，无人机在夜空中闪烁，视线甚至比在白天都要好。但拍摄视频的能力如何呢？你是否已经被允许进行飞行了呢？

关于在夜间飞无人机，第一件要说的事就是不要在夜间飞！这是大部分有经验的无人机操作手想对你说的，而且绝对是最明智的建议。正如前面所说的，我们需要明确一下哪些是可以做的，哪些是不可以做的，因为在有些特定的地方，夜间飞无人机并进行拍摄是非常容易的事情。

哪些是法律上的雷区

在一些国际大城市，如伦敦、巴黎、洛杉矶和纽约，是不允许在夜间飞无人机的，除非你申请了特别许可。全世界大多数市政管理部门都禁止夜间的无人机飞行活动。曾经在很多敏感地区发生过无人机事故，同时还有来自恐怖主义的威胁，你可别因为这些事情而被抓住。

无论是在白天还是夜晚，飞无人机之前都要了解一下你所在地域的相关法律和法规。不要在居民区飞行，因为这很容易触犯隐私法，并招致居民的反感。请严格遵守本书第84页上所列的规章。

在乡村的夜间进行航拍

事实上，你可以在白天或夜晚的任何时间飞无人机，甚至是在黑暗的环境下，但如果要用无人机进行航拍，那就需要有一点儿光。如果你在自然环境或乡村进行飞行，那么就真的需要坚持到黎明或黄昏再进行拍摄。自然环境中的光源只有天空的星光或月光，或者是巨大的风力发电机上闪烁的红色警示灯。但这对于大多数消费级无人机相机来说是完全不够的。

至少你需要一个较大的传感器和大进光量的镜头。如果你的无人机可以搭载具有全画幅35mm传感器的微单相机，例如松下GH4或索尼的a7R，将会是非常不错的装备。

在城市上空进行夜间航拍

如果你想在城市的夜空进行拍摄，灯的环境相对来说要好一些。早期的大疆Phantom"精灵"无人机相机不太适合进行夜间拍摄，现在"精灵"3和"精灵"4无人机相机已经能够拍出非常不错的夜景效果。通常要保持无人机缓慢平稳地飞行，否则在长时间曝光的情况下图像会产生运动模糊的效果。要熟悉相机的各项功能设置。GoPro运动相机比较适合夜景拍摄，但你需要找到正确的设置参数（见右侧框内文字）。注意要在非居民区和非政府机构区域内飞行，绝对不要在机场附近飞行。

延时拍摄与夜景延时拍摄

用延时拍摄的方法拍摄焰火或繁华的街道是非常棒的。在相机上找到夜景图片拍摄

左图：用大疆Phantom"精灵"4无人机拍摄的巴西里约热内卢的夜景，落日的余晖与华灯初上交相辉映，非常漂亮。

的设置参数（见本书第124页），并在地面上多做几次试拍，找到一个较好的相机参数设置值。从悬停状态开始拍摄，例如在繁华的街道附近，记住千万不要在街道上方拍摄！先进行延时1分钟的拍摄，然后查看拍摄效果。如果还不错，就尝试着慢慢地移动无人机。将图像速率设置为每秒钟一幅图片。尝试一下非常缓慢地前行，同时将镜头缓慢地平移，通过手动操作尽可能地避免画面晃动。

就这样，慢慢地熟悉操作技巧，很快你就会惊讶于自己也能拍摄出如此美妙的画面。

相机视频模式的设置

大疆Phantom"精灵"3和"精灵"4无人机相机

这些参数的设置仅仅是近似的。参数设置完全依赖于你所在地点的光照条件，所以你需要进行试验。

分辨率：4K或1080像素。

白平衡：3000K或尝试一下LOG RAW。

FPS：24帧/秒。

快门速度：50（根据经验，快门速度通常是帧数的2倍左右）。

ISO：从400开始，如果太低，逐步提高到800和1600。1600以上时画面会有明显的颗粒感。

GoPro Hero3+及Hero4运动相机

分辨率：2.7K。

Protunes功能：打开。

白平衡：3000K或尝试一下CAM RAW（Hero4上的Native模式）。

FPS：24帧/秒。

ISO：从400开始，如果太低，逐步提高到800和1600。1600以上时画面会有明显的颗粒感。

锐度：低。

曝光：+0.0（如果你想自己加以控制，可以向上或向下调节0.5）。

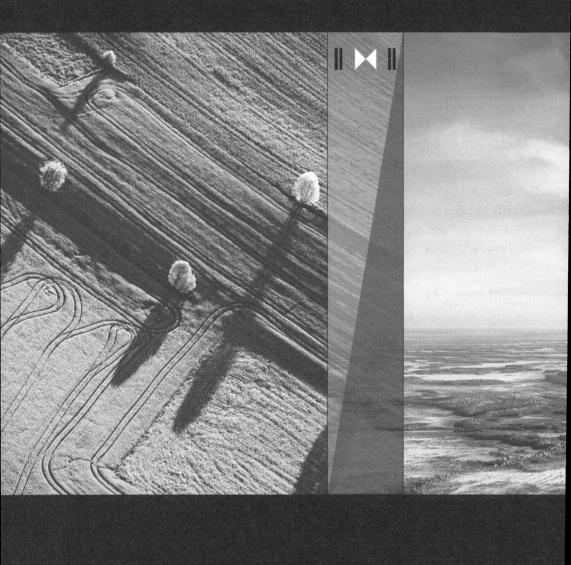

第 10 章

视频剪辑

一旦你拍摄了自己的第一段视频，你一定想把它们剪辑成一个完整的视频，并且希望了解如何让画面变得稳定。也许你之前还不知道，但这时你会意识到从无人机上录制下来的声音是没有用的。本章将详细地介绍如何制作自己的视频。

本章我们将讲述如下内容。

- 剪辑软件——哪一款最适合你？
- 熟悉软件。
- 如何导入视频片段？
- 音效与音乐。
- 色彩调整。

非线性视频编辑（NLE）软件

要将你拍摄的航拍片段制作成一个能讲述故事的视频，消除画面的抖动并添加上声音和音乐，你就需要用到编辑软件、画面稳定软件、音效和音乐等素材。但首要的还是要有毅力去应对那些繁琐复杂的事情，直到你了解了一些基本的知识，那些问题也就能迎刃而解了。

目前有很多款非线性视频编辑软件可供选择，从开源的免费软件到专业的顶级制作软件，但大多数都需要支付一定的费用，即使是那些一开始供免费使用的软件。在购买了装备4K相机的无人机并炫耀了几天航拍技巧后，下一件事情就是要在没有资金支持的情况下用免费的软件将那些拍摄的视频片段剪辑到一起。这里有5款较好的编辑软件推荐给大家。

入门级软件

国际知名品牌苹果公司的iMovie、微软公司的Windows Movie Maker和Adobe公司的Premiere都是不错的选择，你可以获得持续的更新和技术支持。

Windows Movie Maker ★★★
微软公司的免费入门级视频编辑软件

平台： Windows操作系统。

格式： 微软兼容的所有视频格式。

特色： 具有极其简单的用户界面，可快速地进行剪辑，添加画面转换特效，设置音轨，易于导出完成的视频，支持高清、故事板模式，支持单视频双音轨以及线性时间码显示。

总结： 免费的快速视频内容制作软件，使用简单。

价格： 免费。

iMovie ★★★★
苹果公司的多功能入门级视频编辑软件

平台： Macintosh及iOS操作系统。

输入格式： QuickTime兼容格式，支持高清及4K视频。

输出格式： QuickTime兼容格式，支持高清输出。

特色： 可在Mac电脑、iPhone及iPad上运行，是一款非常流行的视频编辑软件，支持高清、双视频四音轨以及线性时间码显示，支持故事板模式。

总结： 比微软Movie Maker软件更加高级，提供准专业级的编辑功能。

价格： 14.99美元＊。

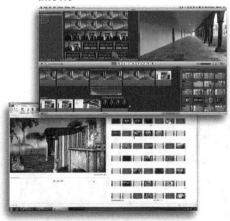

iMovie

Windows Movie Maker

Adobe Premiere Elements ★★★★

Adobe 的多功能入门级视频编辑软件

平台： Macintosh及Windows操作系统。

输入格式： Adobe Shockwave Flash、DV stream、H.264、MPEG-1和2、Quick-Time、DVD视频、Windows Media及4K。

输出格式： H.264、MPEG-1、Quick-Time、DVD视频、Windows Media及4K。

特色： 动态标题，双工作模式（快速模式与专家模式）、附带教程及4K输出。

总结： 一款具有专业级功能的低价位视频编辑软件。

价格： 94美元*（30天免费试用）。

专业级软件

毫无疑问Final Cut Pro X和Adobe Premiere Pro是目前两款最流行的专业级非线性视频编辑软件，它们的功能与Avid Media Composer这种专业但价格高昂的视频编辑软件只有一步之遥。

Final Cut Pro X ★★★★★

苹果公司的专业级视频编辑软件

平台： Macintosh。

输入格式： 任何QuickTime兼容格式及其他类型的视频格式。

输出格式： 任何QuickTime兼容格式。

特色： 支持高清及4K、故事板模式、无损编辑，多达99个视频及音轨，操作界面直观，具有多种专业级的功能，在全球有众多独立的剪辑师在使用。

总结： 市场上最好的Mac平台上的非线性视频编辑软件。

价格： 299美元*。

视频素材稳定防抖插件

即使使用最好的云台，你也可能会拍出画面不稳定的视频来。市面上有很多可对视频素材进行防抖处理的软件，大多数都比较便宜，你应当选择最好的一款。Final Cut Pro和Premiere Pro都带有画面稳定处理滤镜功能，而CoreMelt视频素材稳定防抖插件（Lock & Load）则是更好的，它的处理速度快，画面更加平稳，稳定处理后带来的不美观的副作用相对来说也更少。因此，你可以了解一下你所用的剪辑软件是否能与Lock & Load插件相兼容。

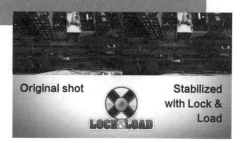

Adobe Premiere Pro ★★★★

Adobe 公司的专业级非线性视频编辑软件

平台： Windows、Macintosh操作系统及云端。

格式： 兼容绝大多数视频格式。

特色： 多轨编辑，支持高清、故事板模式、无限制的视频及音轨、线性时间码显示，与After Effect（VFX）及Photoshop等软件无缝衔接，具有你所期待的其他专业级功能。

总结： 多平台兼容的专业级视频编辑软件。

价格： 订购一年时每月25美元*及20GB的云存储空间。

* 软件价格在各国有所不同，这里给出的是以美元结算的大概的全球指导价。

剪辑的基本流程

只有了解了剪辑的基本流程，你才能快速地上手。剪辑其实相当简单，但一开始会让人觉得是一件艰巨而复杂的事情。这有点儿类似于烹饪，你要烹饪的原料是视频和音频。将这些原料"烩"成一个连贯的故事，再加点儿音效、音乐，或许还可以加点儿视频特效。哇哦，一部大片就诞生了！

剪辑一部电影甚至是只有两分钟的短片，也可能需要用到大量的视频资料，所以你要有一个管理系统来进行处理。对于非线性视频编辑软件来说，资料管理是非常重要的。

准备一个大容量的硬盘

视频文件，特别是HD或4K高清视频，相对于只有10MB的节日照片来说是相当大的。普通的视频文件每一秒钟就包含24个中等分辨率的视频帧，所以1分钟的短片就包含有1440张图片，这或许比你在一整个暑假拍摄的照片还要稍微多一点儿。如果你拍摄的是30帧或60帧的视频，那么文件的大小会成指数方式增长。从下表可以看出，如果你用1080像素或4K进行高清拍摄，视频文件数据很快就会达到数百吉字节。

按照一个较为低成本的存储解决方案，你应当准备3块硬盘。

- 一块1TB的移动硬盘。
- 两块更大容量的2TB或4TB硬盘。

1TB的移动硬盘用于存储所有无人机拍摄的视频。文件夹要仔细地按日期和地点进行命名。

第一块2TB或4TB的硬盘作为工作硬盘，保存拍摄到的所有视频、音频资料以及正在编辑的视频文件。

第二块2TB或4TB的硬盘作为备份。这块硬盘用于备份无人机拍摄到的视频原始文件，以及备份所有工作硬盘上的文件。另外，你也可以用云存储服务进行备份。

4TB G-Raid硬盘

1TB移动硬盘

编码格式	分辨率	每秒帧数	文件大小/分钟	文件大小/小时
H.264	720像素	24	120MB	7.3GB
H.264	1080像素	24	359.7MB	21.08GB
ProRes	4K	24	712MB	42GB
RAW	2.5K	24	7.2GB	432GB
RAW	UHD	24	12.36GB	741.6GB

分类管理

现在你需要对文件素材进行分类管理。当你在非线性编辑软件中新建一个项目并导入视频素材进行剪辑时,软件会记住这些素材在硬盘上的存储位置。例如,如果所有的素材存储在flight_03_sucked文件夹中,非线性编辑软件就与该文件夹建立链接,并在界面中显示出来。如果你将文件夹重新命名,链接就会丢失,你需要重新与视频素材建立链接。因此,你需要想好命名的规则并坚持一直用下去。

下面是一个文件夹命令的示例。

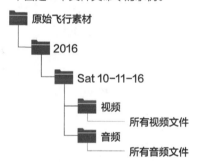

建好文件夹结构后,就可以将所有的素材文件复制到相应的文件夹中。

导入、转码与记录

当你在非线性编辑软件中新建一个项目

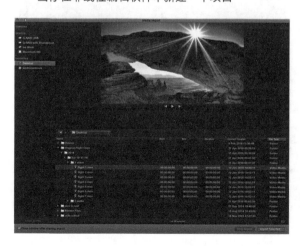

时,你需要根据日后的使用目的给这个项目定义一些属性。如果你用混合格式的视频素材编辑视频项目,则最终做出来的视频也是混合格式的。如果你想做出1080像素的高清视频,则将项目的视频属性设定为1080像素高清(48千赫音频)。

新建好项目后,我们可以将它命名为"我的第一次飞行",然后从Sat_10-11-16文件夹中导入所有的素材。导入时非线性编辑软件会询问你是否需要进行转码,这个意思是将所有导入的视频文件设定为与项目相同的属性。这能够缩短视频渲染的时间,从而能够更快地进行编辑。

你也可以用其他一些软件(例如Any Video Converter或Handbrake)在导入前对所有的原始视频文件进行批量转码。导入视频素材后,你可以对每个视频片段添加关键词标签,并将其放置到相应的文件夹里。这就意味着,在剪辑的时候,你可以在文件夹中找到所需要的视频片段,或者用添加的关键词标签进行搜索,例如"向左平移""降落"或者"日落"。

左图: 将视频素材导入到项目库中,不同的非线性编辑软件会略有不同,但过程大体上是相同的。

音频转换

对视频进行了转码操作，音频也同样需要进行转换。你需要将所有的音频文件转换为48千赫，以匹配视频项目的属性。

编辑

从项目的视频库中，将第一个视频片段拖到时间轴上。你将会看到它包含有视频和音频。由于这个视频是由无人机上的摄像机拍摄的，你可以将音频直接去掉，因为那都是无人机飞行时的噪声。根据你所使用的非线性编辑软件的功能，你应当可以将音频从视频中分离出来，并将音频部分删掉。

现在你就可以对视频进行"剪裁"，将不想要的部分从头到尾找出来并删掉，然后添加下一个视频片段。这样，你可以一个接一个地将视频片段连接在一起。这就得到了你剪辑出来的第一个视频，虽然还没有声音。

下图: 将视频片段拖到非线性编辑软件的时间轴上，你可以尝试着依次将拍摄片段合成到一起。

转场

每一个剪辑后的视频在两段拍摄画面之间都有切换。这种切换可以是"硬"切换（就是一个画面结束后立刻转到下一个画面），也可以是"软"切换（就是从一个画面逐步过渡到下一个画面）。这个过程就叫作转场。

你可以用很多有意思的方式进行转场，比如擦除、交叉淡入或者交叉溶解等。任何你想用的转场方式都可以加以应用。对于初学者，尽可能保持简单。花哨的转场效果如果变化过快，观看的时候就会感觉很不舒服。

右 图: Final Cut Pro 软件中的转场方式选择面板。

下图: 一种简单的交叉淡入转场方式。

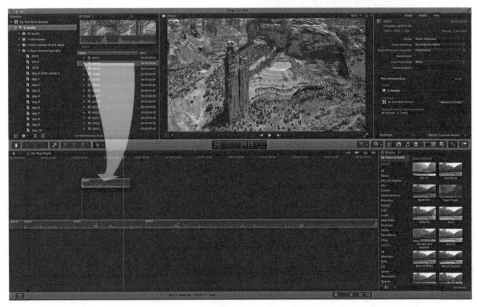

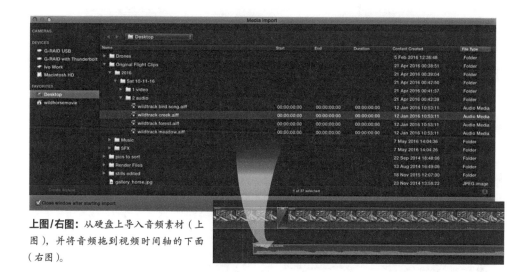

上图/右图： 从硬盘上导入音频素材（上图），并将音频拖到视频时间轴的下面（右图）。

添加户外音频

还记得你录制的户外音频吗？现在就是用这个音频的时候了。对这些音频素材进行转码，然后添加到音频文件夹中。

现在仔细观看你剪辑的视频画面。例如，如果显示的是从空中拍摄到的小溪，你就把录制的小溪流水的音频文件找出来。将音频文件拖到相应的视频下面并与之相吻合。接下来，从头播放一下，这时你就可能看到飞越小溪的画面，并能听到潺潺的溪水声。这是不是很神奇？将音频逐渐淡入，再逐渐淡出，与画面相匹配。

就像这样，为视频的每一部分添加音频，很快你就会制作出一个带有音频的航拍短片。

没有人会猜测视频和音频是不是在同一时间录制的。

不要侵犯版权！

在这个年代，我们很多人认为从网上找到的东西都是免费的，这是可以理解的。购买音乐唱片都是20世纪的事情了，现在你可以花极少的钱从网上下载，也可以在很多地方免费观看高清影视作品。网络给了我们一种错觉——什么都是免费的，事实上并不是这样。这些音乐与视频的制作者付出了一定的成本。

创造任何事物的人对所创造事物都拥有版权，你应当尊重这个权益。如果视频只是供家庭自用，那么你在视频中使用不是你自己录制的音乐也可以。当你将视频上传到某个营利网站（比如YouTube）上时，如果你没有对该音乐付费，那么你就侵犯了某人的版权。

右图： 如果你要将剪辑好的视频放到YouTube或者其他视频分享网站上，你要确保你拥有该视频的版权。

特效

添加完音频之后，你可能发现还是少了些什么，比如汽车驶过的声音。你可以从一些音频网站上找到任何你想要的声音素材。找到汽车驶过的音频后，将其下载下来并放到特效（SFX）文件夹中。将该音频导入到非线性编辑软件中，并与汽车驶过的画面相匹配。

添加字幕和片头片尾

非线性编辑软件通常有多种预设的字幕、片头和片尾样式。选择一定的字体并将其拖

添加背景音乐

最后，如果你想添加一段背景音乐伴随航拍画面的开始，那么找到你认为合适的素材后，将其导入到项目中，然后拖到相应的音轨位置。

根据你的音乐片段情况，可能需要轻柔地进行淡入或者淡出。将音量调小一些，不要遮盖了那些美妙的大自然声音。如果你认为所选择的背景音乐就是非常不错的，那么可以在某些部分只播放音乐，或者在片尾部分播放。

左图：音频文件（绿色）通常在非线性编辑软件时间轴的下面，其上面是视频文件（蓝色）。按顺序放置一些音频文件，马上就可以听到这些声音之间是如何过渡的。

到视频时间轴上，看看是什么样的效果。软件中通常有很多种这方面的选项，有的时尚一些，有的古典一些。花些时间多做些尝试，再做出最后的选择。

如果有朋友帮你进行了拍摄，这时候就可以添加一个片尾以示感谢。找一个简单的滚动片尾的预设样式，在从空中拍摄的日落画面上滚动显示他们的名字，这会戳中他们的泪点。

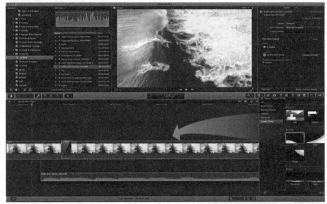

上图：时间轴上的字幕在视频的上面，这样就不会被视频画面遮挡。

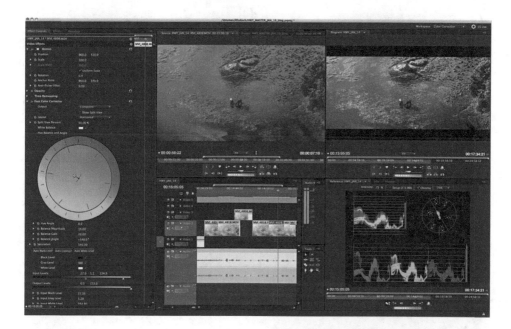

色彩调整

如果你用RAW或者GoPro Native格式进行拍摄，那么颜色将是相当平淡的。记住，用这种格式进行拍摄时，你可以在后期对视频的画面进行细致的调整，以便所有画面看上去有相同的饱和度和色调。

画面的色彩调整相当花时间，并且需要一些技巧。不要期望第一次就能做得很好，那些专业调色师的收入是很高的。

首先调节白平衡。可能所有视频片段的白平衡不完全相同。通过滚动视频轴，找出与其他画面看上去不一样的片段。在非线性编辑软件的颜色菜单中调节白平衡。所有的片段看上去都一致后，就可以将其应用于全部画面。

所有的非线编辑软件都有颜色修正工具，可对曝光、饱和度、色调及反差等进行调整。对一个视频片段进行调整，直到满意为止。可对这种效果进行复制，很多非线性编辑软件都可以将某种效果应用于所有的视频画面。

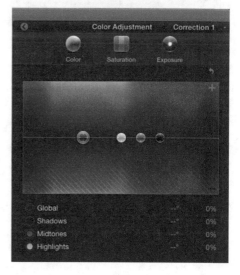

顶图： Premiere Pro软件的快速颜色修正功能非常简单有效，可从这一步开始处理任何视频片段。

上图： Final Cut Pro X软件的颜色修正面板非常简单有效。

第11章 接下来做什么?

当你制作完几个无人机拍摄的视频后，如果感觉还不错，自信心爆棚，你可能会准备向下一个目标进发：将你的视频分享出去，或者放在视频资源网站上进行销售。

在本书的最后一章中，我们将讨论以下几个方面。

- 媒体分享网站。
- 视频资源网站。
- 无人机与极限运动电影节。
- 如何成为专业的无人机摄影师。

媒体分享网站与相关节日

有很多途径可以展示你的拍摄作品，互联网为我们提供了一个充满惊喜的全球化平台。但在你将漂亮的高清视频作品放到网上之前，请先阅读一下下面的内容。

现在有很多用户自创内容的媒体共享网站，你可以在上面发布你的摄影作品。YouTube、Facebook、Metacafe和Dailymotion都是非常容易使用的网站，而且是免费的，你可以免费存储你的作品并进行展示。

因为这些网站都有数以百万计的使用者，也有数以百万计的访问者，这意味着网站可以通过广告获取收益，这就是为什么你可以免费使用这些网站。不过，首先你要弄清楚是否存在版权问题（见本书第147页）。

Vimeo高清视频博客网站

电影摄制者的网站

Vimeo和其他类似的网站非常适合上传来自独立摄制者拍摄制作的高清视频。你可以上传任何视频（从30秒钟的短片到一部完整的电影），并可以设置隐私级别、访问密码以及分享选项。你还将收到来自朋友们的评论，并成为全球电影界的一部分。

无人机电影节

随着无人机市场的繁荣，相关的电影节也在世界各地涌现出来。在这些电影节的活动中，电影摄制者展示他们的拍摄技巧，获奖作品通常是通过航拍的画面来讲述故事，而不主要依赖于语言。

其中最有名的电影节要数由EpicTV极限运动网站与大疆公司在每年10月份举办的无人机节，这有可能成为每年最值得期待的节日。

这些活动组织发起很快，同样结束解散也很快。所以，你最好在网上查一下最新的无人机相关活动及举办日期。

极限运动电影节推荐

奥地利红牛媒体工作室作为一家著名的高品质影视内容制作商推出的极限运动纪录片在很长一段时间里拥有大量的观众。世界各地兴起了很多极限运动电影节。虽然这些活动最初是为了庆祝一些冒险的壮举，但近年来活动覆盖的范围也得到了很大的扩展。下面是一些值得推荐的活动。

英国谢菲尔德极限运动电影节 ★★★★
电影社交圈的中心

该电影节于每年3月的某个周末举行，有来自全世界超过100部的影片参展，谢菲尔德已经成为结识众多志同道合的电影界人士的圣地。

爱尔兰"为什么不"极限运动电影节 ★★★
极限运动节日中的精品

这是一个小规模的年度极限运动纪录片节，于每年的9月在美丽的爱尔兰西海岸举行。

英国爱丁堡极限运动电影节 ★★★★
苏格兰的极限运动周末狂欢

该活动于每年2月举办，是重要的苏格兰极限运动电影节，它由充满热情的电影人组织，有很多参加者和演讲者。

美国特柳赖德山地电影节 ★★★★
全美最好的极限运动电影节

每年5月份在位于美国科罗拉多的滑雪小镇举行，这可能是全美最好的极限运动电影节。参加完这一活动后，最好的作品将进

上图：与志同道合的朋友一起在影院里观看自己摄制的电影是一件令人振奋的事情。

行全球巡演。

英国肯德尔山地电影节 ★★★★★
极限电影中的奥斯卡

肯德尔山地电影节是英国最大规模的极限运动电影节，于每年11月举办。该电影节是国际性的影展，因此吸引了全球各地的电影人，它被称为"户外极限运动电影中的奥斯卡"。

新西兰山地电影节 ★★★
一座充满激情的城市中的激情电影节

新西兰山地电影节于每年7月举行，历时5天，举办地皇后镇和瓦纳卡一时间成为充满激情的城市。这是一场国际性的盛会。

加拿大班夫山地电影节 ★★★★★
极限运动电影节之母

班夫山地电影节已经有40年的历史，是最早的可能也是规模最大的极限运动电影节，于每年10月举行。班夫山地电影节是在非正式的场合结识极限运动电影界精英的绝佳之地。

成为一名航拍电影摄影师

在脖子上挂着遥控器无数个小时之后，你的高清显示器上充满了漂亮的航拍镜头，一些自己在家里制作的视频也已经上传到了视频网站上，你可能想知道自己是否正走在成为专业航拍摄影师的道路上。

无人机技术仍在快速地发展着，现在正是投入其中成为专业航拍摄影师的最佳时机，特别是如果你已经有了一些航拍和在地面拍摄"传统"影片的经验。

首先明确你喜欢拍摄哪种类型的影片，然后在你的经济能力所能负担的范围内，配备一套最好的相机和无人机设备。大疆Inspire 1配备有一体化的微单相机，是可以考虑的入门装备。

许可证与资格证

加入你所在国家的飞行协会或者类似的团体能够获得更多的资源。在这样的组织里，你可以找到针对公共责任的保险、所有关于禁飞区的信息，以及任何关于如何成为注册摄影师的相关信息。还可以参加一些飞行课程，尽管或许你已经自学了飞行操作，但这些课程会纠正你的一些习惯性错误。申请航拍许可证的流程在不同的国家有所不同。

在美国负责颁发无人机驾驶许可证的机构是美国联邦航空局（FAA）。在本书撰写时，FAA正在修订针对无人机驾驶员的管理规则，预计会颁布新的规则（也可能会推迟）。如果想进行商业无人机飞行，你需要通过FAA申请"333免税"资格。但这只允许你通过作为无人机的拥有者来赚钱。为了能够进行商业飞行，目前你需要持有飞行员执照。这就是FAA正在修订的内容，因为这些规定是在无人机发明出来之前颁布的。这就好像要求持有开18轮大卡车的驾照才能驾驶小型摩托车一样不合理。

据我所知，获得飞行员执照最快捷和最便宜的途径是参加热气球驾驶培训课程，拿一个热气球飞行员的执照，这是FAA认可的。

333免税资格的申请需要至少5个月的时间，如有需要，应当及早申请，才能早些拿到这个许可。你可以通过有信誉的代理机构申请，这样你能获得1500美元的免税额度。考取热气球飞行执照大概需要再花费5000美元，根据经验总共的花销不超过7000美元，这不包括在无人机和相机设备上的投入。

在英国有一些民用航空管理局（CAA）批准的机构，你可以通过它们去参加培训并获得相应的资质。这些机构包括EuroUSC Ltd、Resource Group Ltd、Rheinmetall

上图：房地产领域为专业的无人机操作手提供了大量的机会。

Technical Publications UK Ltd（RTP-UK）以及 Sky-Futures Ltd。

在培训结束后，你需要通过驾驶员飞行能力测试才能拿到执照。测试内容包括考察你的操作过程和飞行驾驶能力，比如能否应对紧急情况。另外还要针对公共责任、专业保障以及意外事故应对等方面进行相关的考核。

通过这些测试后，你就可以向 CAA 申请空中作业的申请。在没有获得 CAA 的许可前，你购买的保险也是无效的。获得许可后，你需要在 CAA 颁布的使用小型无人机飞行器的相关法规下开展工作。

这一过程从开始到结束大概需要 4 个月的时间，总费用大约 2000 英镑，这不包括在无人机及相机设备上的投入。

上图：无人机已经用于监视野生动物，但这样的活动是不允许私自开展的。

上图：农业方面对农作物航拍监测也有不断增长的需求。

工作

一旦你掌握了航拍的技巧走上了专业摄影师的道路，天空对你来说就不再有限制。在电影和电视节目制作方面航拍有很大的潜力，同时对于房地产公司来说这方面也有日益增长的业务需求。

看你是在哪里生活，各个地方的政策会有所不同。在美国的佛罗里达州和加利福尼亚州，333 免税政策已经颁布，而且对于房地产开发和电影制作方面的业务是有所不同的。如果你是在山区，你可以创造一个作为山区航拍摄影师的机会。着眼于你生活的地方，好好调研一下哪些地区需要航拍摄影师。

术语

ARF："准到手飞"，新购置的无人机仍需要一些简单的组装。

BNF：将无人机绑定到已有的发射机上。

CPU：中央处理器。

CSC：组合摇杆指令。

ESC：电子速度调节器，控制电动机的器件，并与遥控器接收机和电池连接。

FC：飞行控制器，控制无人机各项功能的计算机。

FPV：第一人称视角，相机安装在无人机上，让操作手实时看到无人机所能看到的场景。

GLONASS：格洛纳斯，俄罗斯的卫星定位系统。

GPS：全球定位系统，用于追踪物体相对于卫星的位置。

HD：硬盘，用于数据存储。

HD视频：高分辨率视频。

IMU：惯性测量元件，带有加速度计和陀螺仪控制器，用于保持航向、导航以及保持飞行器稳定。

LOS：视线，无人机飞行要在眼睛能看到的范围内进行。

mAh：毫安时，每小时内电池所能提供的电量。

MFT：带有微型4/3系统镜头的相机，即微单相机。

NLE：非线性编辑软件。

POI：兴趣点，这是大疆Phantom"精灵"4无人机的功能，可以在显示屏上指定一个点作为POI（兴趣点），无人机可绕着这个点环绕飞行。

RAW：图片的一种格式，包含所有没有经过压缩的图片信息。

RC：无线电遥控。

RTF："到手飞"，设备已组装调试好，拿到手后就可以飞行。

RTH：返航。

SFX：音频效果。

UAV：无人航空飞行器，简称无人机。

VFX：视频效果。

WB：白平衡。

八旋翼飞行器：具有8个旋翼的无人机。

绑定：在遥控器（发射机）与无人机之间建立起连接。

超声波传感器：使用超声波的传感器，用于绘制地面的立体图像。

地理围栏：禁飞区虚拟的屏障，比如在机场和政府大楼的周边。

多旋翼：具有多个旋翼的飞行器。

俯仰：向前或向后运动。

归航点：无人机打开时所获得的GPS坐标，通常为返航坐标。

滚转：向左或向右倾斜。

航路点：由一系列坐标定义的位置。

加速度计：用于稳定无人机进行加速度测量的器件。

六旋翼飞行器：具有6个旋翼的航空飞行器。

偏航：四旋翼飞行器绕其中心轴旋转。

平衡电池充电器：采用智能技术对电池芯进行充电，并能使得所有的电池芯保持电量平衡。

四旋翼飞行器：具有4个旋翼的无人机。

陀螺仪：用于测量角速度和保持方位的装置。

无刷电动机：高效、持久、轻质的电磁驱动电动机，大多数四轴飞行器都采用这种电动机。

相机云台：相机的支架，同时可以进行倾斜和转向。

遥测数据：无人机和遥控器之间传递的飞行数据。

遥控器：可控制无人机的手持设备，也称为发射机。

油门：控制旋翼飞行器上升或下降。

原声：现场录制的声音。

云台：一种在飞行器飞行时可保持设备（如相机）水平和稳定的装置。

载荷：除了自身及电池，无人机能够托举起来的重量总和。

自动飞行：通过GPS和航路点独立进行飞行。

自动跟随系统：无人机跟随穿着在身上的GPS装置进行飞行的能力。

自制：在家里自己动手制作，相对于从商店购买而言。

图片出处